高等教育"十三五"建筑产业化系列教材

"十三五"江苏省高等学校重点教材

（编号：2018-2-028）

Revit 建筑表现与 BIM 工程应用

王 进 主编

吴发红 夏梦杰
皮子臻 林 芹 副主编

U0338790

科 学 出 版 社

北 京

内 容 简 介

本书内容结合计算机表现方面所涉及的常用工具介绍，图例丰富，由浅入深、循序渐进地介绍了应用 Revit 软件建模的流程、方法和技巧，且贴近工程和设计实践，实用性强。

首先，按照建模的顺序讲解如何搭建一个建筑的外部框架；其次，演示细化建筑内容的过程，讲解如何渲染出图；最后，以一个系统的案例详细地讲解 Revit 建造一个模型的步骤与方法。

本书内容主要包括 BIM 及 Revit 2018 概述与软件界面介绍、搭建建筑框架、细化建筑内容、案例分析。

本书可作为普通高等院校建筑学、土木工程、环艺设计专业学生的教学用书，也可作为 BIM 技术爱好者的学习用书。

图书在版编目（CIP）数据

Revit 建筑表现与 BIM 工程应用/王进主编. —北京：科学出版社，2019.10
（高等教育"十三五"建筑产业化系列教材·"十三五"江苏省高等学校重点教材）
ISBN 978-7-03-062501-4

Ⅰ．①R… Ⅱ．①王… Ⅲ．①建筑设计-计算机辅助设计-应用软件-高等学校-教材 Ⅳ．①TU201.4

中国版本图书馆 CIP 数据核字（2019）第 220771 号

责任编辑：李 雪 / 责任校对：王万红
责任印制：吕春珉 / 封面设计：曹 来

科学出版社 出版
北京东黄城根北街 16 号
邮政编码：100717
http://www.sciencep.com
三河市骏杰印刷有限公司 印刷
科学出版社发行 各地新华书店经销
＊

2019 年 10 月第 一 版 开本：787×1092 1/16
2019 年 10 月第一次印刷 印张：10 3/4
字数：255 000
定价：29.00 元
（如有印装质量问题，我社负责调换〈骏杰〉）
销售部电话 010-62136230 编辑部电话 010-62132124（VA03）

前　言

BIM（building information modeling，建筑信息化模型）技术是一项应用于设施全生命周期的三维（3D）数字化技术，它以一个贯穿其生命周期通用的数据格式，创建、收集所有与该设施相关的信息并建立综合协调的信息化模型，以此作为项目决策的基础和共享信息的资源。通过三维数字技术模拟建筑物所具有的真实信息，为工程设计阶段和施工阶段提供相互协调、内部一致的信息模型，以便达到设计施工的一体化。通过各专业协同工作，降低工程建设成本，保障工程按时保质完成。如今，BIM 技术在越来越多的中国施工设计项目中有效应用并在行业中广泛推广，欧特克公司见证了无数率先部署BIM 实施的企业所缔造的一个又一个精美绝伦的设计项目，其中不乏老牌建筑设计院、创新型设计单位和知名建设工程公司的项目等。国内 BIM 技术从单纯的理论研究、建模的初级应用，发展到规划、设计、建造、运营等各阶段，现已被明确写入《建筑业发展"十三五"规划》中。

Autodesk Revit 是欧特克公司在建筑行业推出的建筑信息模型设计软件，它可以帮助查询建筑模型信息，协助决策者做出准确的判断，同时相比于传统绘图方式，在设计初期能大量减少因设计人员而产生的各类错误。由于 Revit 软件具有更强大的建筑信息处理能力，相比原有的设计和施工建造流程，已经给工程项目建设带来了较大帮助。对于工程的各个参与方来说，减少了建造所需要的时间，同时也有助于降低工程的成本。

Autodesk Revit 作为一款 BIM 软件，功能非常强大，它可以进行辅助工程设计、施工和表现等几方面工作。用 Revit 辅助建筑设计，需要设计者对 Revit 建模非常熟练。对于初学者来说，用 Revit 来做建筑表现更加容易一些。因此，本书所涉及的 Revit 建模主要侧重建筑表现方面。本书对我国正在大力推广的装配式建筑设计与施工也有指导作用。同时，也是进行 BIM 技术研究的有力工具。

本书的主要特色如下。

1）内容全面且实用。这是编者在编写本书时着重注意的。

2）系统地指导教学。本书循序渐进地从基础内容讲到进阶内容，使读者逐步熟悉软件的使用。

3）书中配有大量的图片，步骤清晰，方便读者进行操作训练；且本书采用新形态教材形式，通过二维码将教学视频嵌入纸质教材中，方便易学。

4）以 Revit 2018 中文版作为操作平台，结合案例介绍软件的基本操作及技巧，分析透彻。

5）书中内容基础、精练、易懂，适合 Revit 初学者作为其软件入门的指导书。

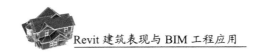

本书是教育部 2018 年产学合作协同育人项目"BIM 建筑表现技术应用"（项目编号：201801122011）和"产教融合 BIM 建筑虚拟现实实训基地建设"（项目编号：201801122039）成果。本书由盐城工学院王进担任主编，获批"十三五"江苏省高等学校重点教材。感谢南京谷雨时代教育科技有限公司倪树新先生、娄琮味先生为本书内容提供技术支持。

由于编者水平有限，书中难免存在疏漏和不妥之处，敬请读者批评指正。

编　者

2018 年 7 月

目　　录

第1章

BIM及Revit 2018概述与软件界面介绍

1.1 初步认识BIM

BIM是building information modeling（建筑信息模型）的缩写，是以三维数字技术作为基础，集成建筑工程项目各种相关信息的工程数据模型。BIM提供了全新的建筑设计过程的概念，即参数化变更技术。该技术不仅能帮助设计师缩短设计时间，还可以提高设计方案的质量，更可以加强与客户、合作者的联系，并可以在任何时间、任何地点进行任何修改，设计图纸会始终保持协调、一致和完整。引用美国国家BIM标准(NBIMS)对BIM的定义，BIM有三个层次的含义：

1）BIM是一个设施(建设项目)物理和功能特性的数字表达；

2）BIM是一个共享的知识资源，是一个分享有关设施的信息，为该设施从建设到拆除的全生命周期中的所有决策提供可靠依据的过程；

3）在项目的不同阶段，不同利益相关方通过在BIM提取、更新和修改信息，以支持和反映其各自职责的协同作业。

BIM由"B""I""M"三个字母组成。具体含义如下：

"B"代表着building，可以直接将其翻译为"建筑"，但这更应该是对土建类广义上的称呼。我们知道，土建类学科包括建筑学、土木工程、城市规划、交通工程、环境工程、设备工程与建筑环境等，所以BIM中的"B"涵盖了建筑上的整个领域，不仅仅是建筑的设计、水电暖通等，也可以是土建类学科中的其他工程项目。对此，在理解BIM中的"B"时应该拓宽思维广度，全方面地挖掘BIM的深层含义。

"I"，也就是information，称为信息，也称为信息化。BIM中的information应有两层含义，一个是建筑设计方案的相关信息，另一个是建筑设计的信息化。例如，BIM中常用的Revit软件，在进行建筑设计时，不仅可以绘制建筑的地形、门、窗、梁柱等构件，还可以为设计者反馈这些构件的信息。这些信息合并起来就是一个完整的信息化建筑模型的绘制。相反，可以应用Revit软件对一个建筑模型进行性能测试，这样不仅可

以节省建筑材料，还可以缩减工期。所以信息即 BIM 中最核心的本质。

"M"是 modeling 的缩写。一般情况下习惯将它直译为模型，但将它翻译为建模应该更贴切一些。翻译成模型会让读者产生误解，模型意为建立模型的最终成果，若把它翻译为建模，则更容易让读者理解建模是一个过程，是一种工作方式。贴合实际需要去建立一个 BIM 模型，在需要改动的地方进行相应的改动，这便是 BIM 的建模方式。

1.2　了解 Revit 的特性

1. 提供支持建筑设计、MEP 工程设计和结构工程设计的工具

Revit 是专门针对建筑信息化模型设计的软件，其基础技术、建筑信息化模型及参数化变更引擎在经过设计和优化后，可以支持整个建筑企业信息的建立和管理。设计师将设计方案通过相应的指令输入进软件，即可导出预想的信息模型，也就是说，Revit 可以提供相当精确和高品质的设计。Revit 可以通过使用专为支持建筑信息模型工作流而构建的工具，获取并分析概念，同时拓宽设计者视野。强大的建筑设计工具可以帮助设计者捕捉和分析概念，以及保持从设计到建筑各个阶段的一致性。

暖通、电气和给水排水（machine, electric, plumbing，MEP）工程师通过 Revit 提供的工具，可以设计复杂的建筑系统。Revit 支持 BIM，可帮助用户更高效地导出建筑系统，从概念到建筑的精确设计、分析和文档整理。在整个建筑周期中使用信息丰富的模型来支持建筑系统，帮助用户高效地设计和分析建筑系统，以及为这些系统编档。

Revit 软件为结构工程师和设计师提供了大量常用的工具，可帮助用户更加精确地设计和进行高效的建筑构建。为支持建筑信息建模而构建的 Revit 可帮助用户使用智能模型，通过模拟和分析深入了解项目，并在施工前测试性能。使用智能模型中固有的坐标和一致信息，可提高文档设计的精确度。

使用传统的辅助软件，只要改动一张图纸，就需要修改其他相应图纸，工作量庞大。而 Revit 软件的用户得益于其实时互动更新的功能，依托 BIM 技术将所有数据集中管理，模型中任何变动，都可以实时更新其他图纸，并做出相应的改变，能在更短的时间中有效地建立、控制并展示其设计。依靠这些特性，相关软件及技术在近年逐渐普及应用，建筑设计制图效率将大大提高。

2. Revit 的族

Revit 的族是进阶使用该软件的关键，族是 Revit 使用过程中的最重要组件。Revit 族库是指把大量 Revit 族按照特性、参数等属性分类归档集成的数据库。相关行业企业或组织随着项目的发展和深入，都会积累一套自己独有的族库，以便在以后的工作中，可直接调用族库数据，并根据实际需要修改参数，提高工作效率。族库建设的质量，可提高相关行业企业或组织的核心竞争力。

3．参数化构件

参数化构件（也称族）是在 Revit 中设计使用的所有建筑构件的基础。用户可以通过它提供的开放的图形式系统进行自由的构思设计、创建外形，并以逐步细分的方式来表达设计意向。用户可以使用参数化构件创建最复杂的组件（如家具和设备），以及最基础的建筑构件（如墙和柱）。最重要的是，参数化构件的使用无须依托任何编程语言或代码。

4．兼容 64 位支持

Revit 支持 Citrix®XenApp™6，因此，可以通过本地服务器，以更高的灵活性和更多的选项进行远程工作。Revit 还提供原生 64 位支持，完美的兼容 Windons 10 系统，可以帮助提升内存密集型任务（如渲染、打印、模型升级、文件导入导出）的性能与稳定性。

双向关联，即任何一处变更，所有相关内容将会随之变更。在 Revit 软件中，所有模型信息都存储在一个位置。因此，任何信息的变更可以有效地传播到整个 Revit 模型中。

5．Revit Server

Revit Server 可以协作处理共享的 Revit 模型。此特性可帮助用户在从本地服务器的任意一台计算机上维护统一的 Revit 模型集。整个项目团队可以通过软件的工作共享特性获得参数化建筑建模的强大环境。

6．Vault 集成

Revit 可以与 Autodesk Vault Collaboration AEC 软件配合使用。这种集成方式可帮助简化与建筑、工程和跨行业项目关联的数据管理（从规划到设计和建模）；还可以帮助节省时间和提高数据精确度，用户甚至不会感觉到自己在进行数据管理，从而可以将焦点放在项目上，而不是数据上。

1.3　Revit 2018 新增功能介绍

Revit 2018 提供的新功能主要包括以下几个方面^①。

---

① 新增功能参考 Autodesk Revit 公司提供的更新说明。

一、软件交互性的改进

1. 可以链接 NWD/NWC 文件

Revit 可以链接 NWD/NWC 文件，相当于 Revit 可以支持更多格式的文件，可以更方便地进行多软件的设计协调。

2. 可以直接导入犀牛模型

2018 版本的 Revit 在"插入"－"导入 CAD"的支持格式中增加了 Rhino（犀牛软件）的 3dm 格式。

二、楼梯与扶手建模增强功能

1. 多层楼梯

Revit 2008 之前的版本，只有标高间距一致的标准层，才可以使用创建多层楼梯。2018 版本可以根据标高自动创建多层楼梯。同时，还可以分别进行调整。

2. 扶手

可以点击"多层楼梯"——"给多层楼梯统一创建扶手"。同时，扶手可以识别更多的主体，包括屋顶、楼板、墙体，以及地形表面。

三、机电设备增强功能

1. 电气电路的路径编辑

Revit 中可以通过选择在同一个回路中的电气设备，生成电路。电路的属性中，就可以查看线路的长度。但是，2011 以前的版本，很难查找该线路长度的由来，更无法自行调整线路的具体走向。

在 Revit 2018 中，选择电路后，增加了"线路编辑"选项，可以控制线路的标高、走向、长度等，每次编辑线路路径时，Revit 都会自动更新线路长度。 线路长度主要用于计算电路中的电压降，这对调整导线尺寸非常重要。

2. 泵族的参数添加

流量和压降参数，已经连接到泵的参数里面，Revit 软件会在后台自动计算。

3. 管网系统与设备分析连接下的水力计算

选取"管道系统"，点击"分析连接"就可以添选相应设备。对于项目的前期，系统可在不需要连接设备的情况下，快速对管网进行提量分析计算，当然，分析连接只会拾取到最短的路径，相比实际连接计算出的压降会小。

4. 空间的新风信息

Revit 2018 的空间信息中增加了"新风信息"。对于空间分区，可以从空间类型读取新风信息，也可以自定义分区新风信息。

四、预制零件模块增强功能

1. MEP 预制构件的多点布线

该功能其实就是可以在 Revit 软件里面，像绘制普通管线一样，绘制预制构件。Revit 可以自动生成弯头、三通等预制构件的连接件。

预制零件的命令是在 2016 版本中加入的，与 Revit 的普通管线是完全隔离的两个模块，不能转换；2017 版本中加入了普通管线转换成预制构件的功能。2018 版本的更新，无疑再次提高了预制构件的绘制效率。

2. 预制零件的倾斜管道

Revit 2018 可以绘制带坡度的预制管道，同时，还可以统一调整连接的预制管道的坡度。

五、其他增强功能

1. 增加了组和链接文件明细表

在明细表类别字段里，增加了 Revit 链接和模型组，可以创建模型组合链接文件的明细表。

2. 特殊字符

在输入文字注释时，右击，可以插入特殊字符。同时，调出的 Windows Character Map 特殊字符对话框，可以一直显示，不会因结束文字输入或者复制完文字而关闭。

3. 全局变量增强

Revit 2017 版本增加了全局变量功能，让Revit在项目环境中也可以添加参数，控制构件的尺寸，但是只能添加线型标注；Revit 2018 增加了半径和直径标注，同时可以通过全局参数，控制草图绘制的图元。

1.4   Revit 2018 基础语言

Revit 2018 对于建筑类的表达对象使用的大多为专业术语，这些术语为相关从

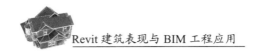

业人员所熟知，但也有一些术语是 Revit 2018 特有的，本节将介绍一些相关的专业术语。

1. 项目

在 Revit 2018 中，项目是指单个设计的信息数据库，即 BIM。BIM 是该项目文件中的所有设计信息，包括从简单图形到复杂构造的相关数据。当然，这些信息不仅仅包括设计模型的构件，还包括项目视图及设计图纸等。设计中可以使用当前需要的项目文件，在 Revit 2018 中快速、便捷地修改设计方案，并且可以使修改显示在所关联的区域，包括平面图、立面图、剖面图和明细表等。

2. 标高

标高在 Revit 2018 中是指无限的水平面，这也意味着一些屋顶、楼板、天花板等构件都将用此水平面来作为主体图元的参照。另外，标高大多用于定义建筑内外的垂直高度，可以为我们设计的无论已知或未知的建筑平面建立标高。值得注意的是，标高必须显示在剖面图或立面图当中。

3. 类别

类别是指在 Revit 2018 中用于对建筑设计进行建模或归档的一组图元，可描述不同的建筑构件，如墙、门、窗、柱等这些都是类别。

4. 图元

图元是指在创建项目时，在设计中需要添加的图形数据。在项目中，Revit 使用 3 种类型的图元，即模型图元、基准图元和视图专有图元。

1）模型图元：表示建筑的实际三维几何图形。它们显示在模型的相关视图中，如墙、窗、门和屋顶。

2）基准图元：可帮助定义项目位置，如标高和参照平面都是基准图元。

3）视图专有图元：只显示在放置这些图元的视图中。它们可帮助对模型进行描述或归档，如尺寸标注是视图专有图元。

1.5 Revit 2018 基本操作命令

Revit 2018 与 CAD 之类的软件一样，拥有独立的操作命令库，Revit 2018 的基本操作命令，见表 1.5.1。

表 1.5.1　Revit 2018 的基本操作命令

命令	快捷键	命令	快捷键
修改	MD	细线	TL
属性	PP 或 Ctrl+1 或 VP	层叠窗口	WC
绘制线	LI	平铺窗口	WT
放置构件	CM	系统浏览器	F9
创建组	GP	快捷键	KS
参照平面	RP	项目单位	UN
对齐尺寸标注	DI	匹配类型属性	MA
文字	TX	填色	PT
查找/替换	FR	应用连接端切割	CP
删除连接端切割	RC	机械设备	ME
拆分面	SF	管道	PI
对齐	AL	管件	PF
移动	MV	管路附件	PA
偏移	OF	软管	FP
复制	CO 或 CC	卫浴装置	PX
镜像-拾取轴	MM	喷头	SK
旋转	RO	弧形导线	EW
镜像-绘制轴	DM	电缆桥架	CT
修剪/延伸为角	TR	线管	CN
拆分图元	SL	电缆桥架配件	TF
阵列	AR	线管配件	NF
缩放	RE	电气设备	EE
解锁	UP	照明设备	LF
锁定	PN	高程点	EL
删除	DE	详图线	DL
创建类似	CS	按类别标记	TG
标高	LL	荷载	LD
日光设置	SU	调整分析模型	AA
拆分面	SF	重设分析模型	RA
墙	WA	热负荷和冷负荷	LO
门	DR	配电盘明细表	PS
窗	WN	检查风管系统	DC
柱	CL	检查管道系统	PC
楼板	SB	检查线路	EC
房间	RM	重新载入最新工作集	RL 或 RW
标记房间	RT	正在编辑请求	ER
轴网	GR	渲染	RR
梁	BM	Cloud 渲染	RC

续表

命令	快捷键	命令	快捷键
支撑	BR	渲染库	RG
自动创建梁系统	BS	MEP 设置：机械设置	MS
结构基础：墙	FT	MEP 设置：电气设置	ES
风管	DT	MEP 设置：建筑/空间类型设置	BS
风管管件	DF	在视图中隐藏：隐藏图元	EH
风管附件	DA	在视图中隐藏：隐藏类别	VH
转换为软风管	CV	替换视图中的图形：按图元替换	EOD
软风管	FD	线处理	LW
风道末端	AT	添加到组	AP
从组中删除	RG	捕捉到点云	PC
附着详图组	AD	图形由视图中的图元替换：切换半色调	EOH
完成组	FG	最近点	SN
取消组	CG	中心	SC
编辑组	EG	漫游模式	3W
解组	UG	光线追踪	RY
链接组	LG	图形由视图中的类别替换：切换半色调	VOH
全部恢复	RA	隔离类别	IC
编辑尺寸界线	EW	恢复已排除构件	RB
取消隐藏图元	EU	缩放全部以匹配	ZA
取消隐藏类别	VU	端点	SE
切换显示隐藏图元模式	RH	重置临时隐藏/隔离	HR
上一次平移/缩放	ZP 或 ZC	移动到项目	MP
缩放图纸大小	ZS	隔离图元	HI
对象模式	3O	激活第一个选项卡	Ctrl+`
中点	SM	垂足	SP
图形由视图中的图元替换：切换透明度	EOT	关闭替换	SS
象限点	SQ	关闭捕捉	SO
隐藏类别	HC	飞行模式	3F
选择全部实例：在整个项目中	SA	线框	WF
图形由视图中的图元替换：切换假面	EOG	图形由视图中的类别替换：切换假面	VOG
切点	ST	定义新的旋转中心	R3
图形由视图中的类别替换：切换透明度	VOT	关闭	SZ
捕捉远距离对象	SR	二维模式	32
隐藏线	HL	隐藏图元	HH
点	SX	工作平面网格	SW
重复上一个命令	RC	交点	SI
排除	EX	带边缘着色	SD
图形显示选项	GD		

1.6　Revit 2018 常见工作流程

Revit 2018 是一款十分强大且全面的 BIM 软件。它不仅仅可以辅助进行建筑设计工作，还可以辅助进行建筑表现方面的工作。值得一提的是，利用 Revit 进行辅助建筑设计对设计者有相当严苛的熟练度要求。因此，对于入门者来说，需要进行大量的练习。

另外，作为一款辅助建筑设计和表现的软件，相比于其他设计软件的不同是建筑观念上的改变。

Revit 2018 的操作不同于 SketchUp、Rhino 等软件，SketchUp、Rhino 等软件更像是制作手工模型，而 Revit 则更像是实地建造。SketchUp、Rhino 等软件建模是通过体块的组合来完成的，Revit 建模则是依靠组合不同的建筑元素来完成的，如梁、柱、门、窗等。另外，既然是实地建造，还要在模型上对梁、柱、门、窗等构件的具体尺寸及相关属性进行详细且准确的参数设置。综合而言，通过 Revit 2018 的工作流程来进行模型的创建，要想建造出完善且准确的 Revit 2018 模型，还需要对涉及的建筑方案有十分清晰的认识及十分全面的计划。

下面介绍一种比较常见的建筑方案的设计流程。

新建项目→添加轴网→绘制标高→绘制柱→设置柱的属性→绘制梁→设置梁的属性→绘制楼板→设置楼板的属性→绘制屋顶→设置屋顶的属性→绘制墙体→设置墙体的属性→插入楼梯和坡道→设置楼梯和坡道的属性→插入门、窗→设置门、窗的属性→设计场地→修改场地材质→放置特殊构件→渲染→导出图。

当然，建模的方法并不唯一，此处仅仅是举例介绍，具体的工作流程需要用户根据实际情况找到适合的工作流程。

1.7　Revit 2018 界面介绍

在进行 Revit 2018 的学习或设计之前，用户需要对 Revit 2018 的界面有所了解。Revit 2018 相比于前几个版本来说，更加人性化，它不仅提供了更加便捷的操作工具，还更注重提高入门用户熟悉操作环境的速度。本节介绍 Revit 2018 的相关界面。

安装好 Revit 2018 软件后，在桌面上找到 Revit 2018 的快捷方式，如图 1.7.1 所示。

双击快捷方式，运行 Revit 2018 程序，打开 Revit 2018 界面，其主体视图如图 1.7.2 所示。

图 1.7.1　Revit 2018 的
快捷方式

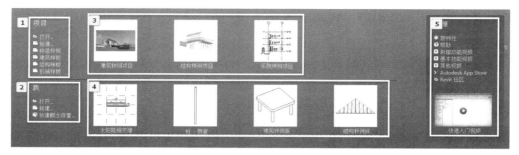

图 1.7.2　Revit 2018 主体视图

1. 项目栏；2. 族文件栏；3. 打开过的项目文件；4. 打开过的族文件；5. Revit 2018 相关帮助

图 1.7.3　"新建项目"对话框

打开 Revit 2018 主体视图后，可以打开之前编辑过的项目文件，也可以新建项目文件。新建项目文件的具体操作如下：单击"新建"按钮，在弹出的如图 1.7.3 所示的"新建项目"对话框中选择样板文件，然后单击"确定"按钮，即可在 Revit 2018 中新建项目，如图 1.7.4 所示。

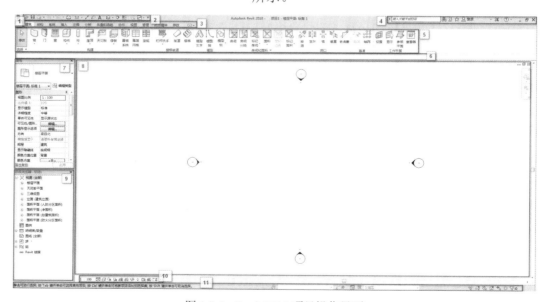

图 1.7.4　Revit 2018 项目操作界面

1. 应用程序菜单；2. 快速访问工具栏；3. 功能区选项卡；4. 信息中心；

5. 选项组；6. 选项栏；7. "属性"窗格；8. 绘图区；

9. 项目浏览器；10. 视图控制栏；11. 状态栏

1.　应用程序菜单

单击操作界面左上角的应用程序按钮"R"，弹出应用程序菜单，如图 1.7.5 所示。

应用程序菜单栏提供了"新建""打开""保存""另存为""导出""Suite 工作流""发布""打印""关闭" 9 项常用的操作命令。这些命令都对应着相应的操作。另外，在菜单栏的右侧有一列文档列表，这些文档是最近打开的文档列表，方便用户快速打开最近编辑的文件。

图 1.7.5　应用程序菜单

2.　快速访问工具栏

快速访问工具栏为用户提供了更加快捷的操作方式，如图 1.7.6 所示。

在快速访问工具栏中，Revit 2018 提供了一些更加便利的操作方式，包括"新建""打开""保存""与中心文件同步""放弃""重做""打印""测量""对齐尺寸标注""按类别标记""文字""默认三维视图""剖面""细线""关闭隐藏窗口""切换窗口"等命令。可以通过单击最右侧的"自定义快速访问工具栏"下拉按钮，在弹出的下拉列表中进行筛选，自定义选择自己需要的快捷方式，在对应的方式前单击即可完成选中或取消选中的操作。

3.　功能区

功能区是快速访问工具栏下方的一个大区域的操作面板，它是创建建筑设计项目，

以及电气工程之类文档的所有工具的合集，如图 1.7.7 所示。

图 1.7.6　快速访问工具栏

图 1.7.7　功能区

功能区中包含功能区选项卡、选项组及面板三大部分。在功能区选项卡中，包括"建筑""结构""系统""插入""注释""分析""体量和场地""协作""视图""管理""附加模块""修改"工具合集，在这些不同的工具合集内包含不同的工具命令。

功能区选项卡中还有选项组，选项组是对某一工具的细分。如图 1.7.8 所示，"修改""绘制"等构建模型的工具都在相应的选项组中。

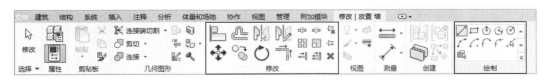

图 1.7.8　选项组

4. 选项栏

选项栏在功能区下方，当操作不同的工具命令或选中不同的图元时，该选项栏中会显示与所选命令或图元相关的选项，同时也可以编辑其参数，如图 1.7.9 所示。

图 1.7.9　选项栏

5. "属性"窗格

"属性"窗格是用户界面的一个浏览器窗口，用户可以自行调整它的大小和位置。在选中某一图元时，"属性"窗格会显示该图元的相应参数、标注、类型等属性，如图 1.7.10 所示。

"属性"窗格由以下部分组成：类型选择器、实例参数属性及编辑类型。类型选择器是位于窗格最上方的一个浏览框，用户通过类型选择器来选择自己需要修改的项目类型。实例参数属性是类型选择器下方的参数列表框。该列表框内包括限制条件类、图形类、尺寸标注类、标识数据类、阶段类等实例参数及相关的设置数值。这样可以方便用户进行简单的属性修改。单击"编辑类型"按钮，在弹出的"类型属性"对话框中对选中的图元进行属性设置，如图 1.7.11 所示。

图 1.7.10　"属性"窗格

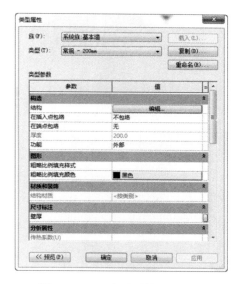

图 1.7.11　"类型属性"对话框

图 1.7.12　项目浏览器

在"类型属性"对话框中，可以对想要修改的属性进行编辑，如"复制""重命名""构造""图形""材质和装饰""尺寸标注""分析属性"等。通过该对话框对所选图元进行编辑时，可以进行更加全面详细的属性设置。

6. 项目浏览器

项目浏览器也是用户界面内的一种浏览器，其位置及大小可以自行调整。该浏览器用于显示用户当前所编辑项目中的所有视图（全部）、图例、明细表/数量、图纸（全部）、族、组、Revit 链接的 Revit 模型和其他部分的目录树结构，如图 1.7.12 所示。

对于项目浏览器，可以把它比作计算机的资源管理器来理解。

第 2 章

搭建建筑框架

"建筑"选项卡提供了许多建立模型需要的工具，如图 2.0.1 所示。其中有墙、门、窗、构件、柱、屋顶、天花板、楼板、幕墙系统、幕墙网格、竖梃、栏杆扶手、坡道、楼梯、模型文字等工具。本章将选择一些常用的工具加以说明。

图 2.0.1 "建筑"选项卡

2.1 添 加 轴 网

2.1.1 轴网的介绍

在绘制建筑平面图之前，要先画建筑的轴网。轴网是建筑图的主体框架，建筑物的主要支承构件都是按照轴网来定位排列的。轴网分为直线轴网、斜交轴网和弧线轴网。

轴网由定位轴线、尺寸标注和轴号组成。轴线是轴网的组成部分，建筑轴线是为了在建筑图纸中标示构件的详细尺寸，按照一般的习惯或标准在图纸上虚设的一道线，习惯上是标注在对称界面或截面构件的中心线上的，如基础、梁、柱等结构上。

轴线又分为定位轴线及附加定位轴线。

1）定位轴线。定位轴线应用细点画线绘制。定位轴线一般有编号，编号应该注写在轴线端部的圆内。圆应该用细实线绘制，直径为 8～10mm。定位轴线圆的圆心应在定位轴线的延长线上或延长线的折线上。平面图上定位轴线的编号，宜标注在图样的下方与左侧。横向编号应使用阿拉伯数字，从左至右顺序编写；竖向编号应用大写拉丁字母，从下至上顺序编写。拉丁字母的 I、O、Z 不应用作轴线编号。如果字母数量不够用，

可增用双字母或单字母加数字注脚，如 AA、BA、…、YA 或 A_1、B_1、…、Y_1。组合较复杂的平面图中定位轴线也可采用分区编号，编号的注写形式应为"分区号——该分区编号"。分区号采用阿拉伯数字或大写拉丁字母表示。

2）附加定位轴线。附加定位轴线的编号，应以分数形式表示，并应按下列规定编写。

两根轴线之间的附加轴线，应以分母表示前一轴线的编号，分子表示附加轴线的编号，编号宜用阿拉伯数字顺序编写，如 1 号轴线或 A 号轴线之前的附加轴线的分母应以 01 或 0A 表示；通用详图中的定位轴线，应只画圆，不注写轴线编号。圆形平面图中定位轴线的编号，其径向轴线宜用阿拉伯数字表示，从左下角开始，按逆时针顺序编写；其圆周轴线宜用大写拉丁字母表示，从外向内顺序编写。

2.1.2　轴网的绘制

轴网的绘制属于建筑模型制作的前期工作，确切地说，轴网的绘制属于建筑模型的准备工作、基础工作。在绘制建筑模型的过程中，轴网的绘制是关键，因此，本节将讲解轴网的绘制。

轴网的绘制

单击"建筑"选项卡"基准"选项组中的"轴网"按钮，弹出"修改|放置 轴网"选项卡，如图 2.1.1 所示。

（a）"轴网"按钮

（b）"修改|放置 轴网"选项卡

图 2.1.1　轴网工具

1. 使用"直线"按钮绘制轴网

在"修改|放置 轴网"选项卡的"绘制"选项组中提供了 4 个绘制按钮，分别为"直线""起点终点半径弧""圆心弧""拾取线"。在本节中，我们主要讲解使用"直线"按钮绘制轴网的方法。

（1）绘制横向轴线

1）绘制第一根轴线。单击"绘制"选项组中的"直线"按钮，如图 2.1.2 所示。然后将光标移动到轴线的起点位置，按下鼠标左键并向绘制终点移动鼠标到相应位置后，释放鼠标左键，即完成一根轴线的绘制，如图 2.1.3 所示。

图 2.1.2　绘制轴线（1）　　　　　　　　　图 2.1.3　绘制轴线（2）

2）绘制其余横向轴线。绘制完第一根横向轴线后，有 3 种不同的方法来完成接下来几根轴线的绘制。

① 直接绘制。首先，如果轴线尺寸分布不均匀，我们可以使用直接绘制法来绘制，即使用"直线"按钮绘制下一根轴线。然后，单击轴线，将光标移动到横向轴线的基准轴线的起始点处，当选中其端点后将光标向下移动，此时会有一根蓝色的虚线跟随其后，其意义是锁定新绘制的轴线与基准轴线的起始点在同一水平线上。在向下移动一段距离后，利用数字键盘输入所需要的尺寸，输入完成后单击，并确定下一根轴线的起始位置后向右拖动鼠标。当拖动到右端与基准线相近处后会出现一根蓝色的定位线，单击后完成第二根轴线的绘制。绘制过程如图 2.1.4～图 2.1.8 所示。

② 利用复制命令绘制。使用直接绘制的方法比较烦琐，因此，当遇到不规则的轴网标注后，可以利用复制命令来进行相应的绘制。

图 2.1.4　绘制其余横向轴线（1）

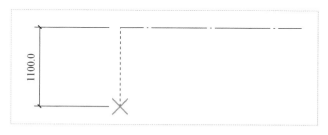

图 2.1.5　绘制其余横向轴线（2）

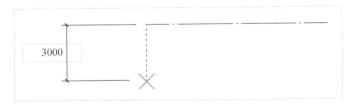

图 2.1.6　绘制其余横向轴线（3）

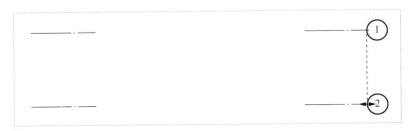

图 2.1.7　绘制其余横向轴线（4）

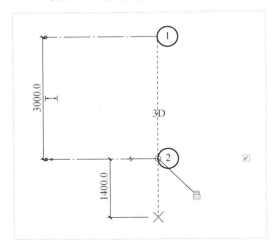

图 2.1.8　绘制其余横向轴线（5）

单击"修改"选项卡"剪贴板"选项组中的"复制"按钮，然后选中基准轴线，并按 Space 键确定，然后按住鼠标左键并向下拖动会发现所复制的轴线便存在于界面中。当水平向下移动一段距离后，可用数字键盘进行尺寸的输入。当输入完成后按 Enter 键完成绘制。我们发现，复制来的轴网的标注并不是原有标注的 1，而是 2，这便是 Revit 2018 在绘图上智能性的表现，如图 2.1.9～图 2.1.11 所示。

③ 使用阵列的方法绘制轴网。以上两种绘制方法都是用在轴线分布不是均匀分布的情况时，当遇到分布均匀的轴网轴线时，便可以使用阵列的方法来完成轴网的绘制。

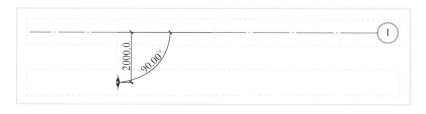

图 2.1.9　复制轴线（1）

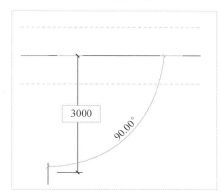

图 2.1.10　复制轴线（2）

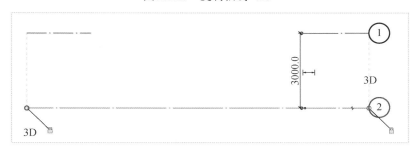

图 2.1.11　复制轴线（3）

　　单击"修改"选项卡"修改"选项组中的"阵列"按钮，弹出阵列操作界面，将光标移动到基准轴线上，单击选中后按 Space 键，然后按住鼠标左键将其向下拖动，随后利用数字键盘输入需要的尺寸数据，按 Enter 键，再用数字键盘输入需要的阵列数，最后按 Enter 键完成绘制，如图 2.1.12～图 2.1.16 所示。

图 2.1.12　阵列绘制轴网（1）

图 2.1.13　阵列绘制轴网（2）

图 2.1.14　阵列绘制轴网（3）

图 2.1.15　阵列绘制轴网（4）

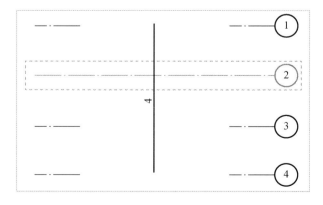

图 2.1.16　阵列绘制轴网（5）

（2）绘制纵向轴线

以上 3 种绘制横向轴网的方法是根据轴网类型来决定的，需要我们来判定具体使用哪种方法。绘制完横向轴网后，可以使用相同的 3 种方法来完成纵向轴网的绘制，具体操作同横向轴网的绘制，此处不再赘述，最终绘制效果如图 2.1.17 所示。

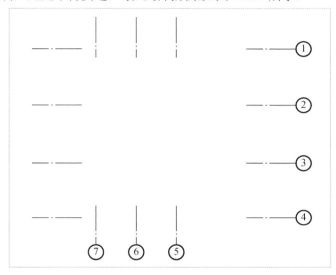

图 2.1.17　最终绘制效果

2. 轴网的修改

在建筑工程图中我们经常看到两边都存在标号的轴线。该显示方式可以按照如下方法进行操作。

1）单击选中第一根需要修改的轴线，会显示轴线修改信息，轴线两边的矩形选中框为轴号标注的选中框，单击选中则弹出轴号标注，轴线的两边各有一个轴号标注选中框，选中另一侧未显示轴号标注的轴号标注选中框，选中之后即可完成轴线双轴号标注的显示，如图 2.1.18～图 2.1.20 所示。

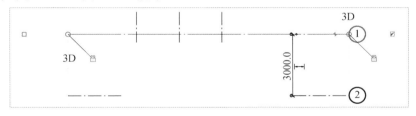

图 2.1.18　轴线的修改（1）

2）修改完后单击即可完成。如果轴网是每根轴线单独绘制的，想要使所有轴线都显示双向标注，则需要在每根轴线上都进行该操作才能实现。如果这些轴线是使用阵列操作完成的，则这些轴线属于一个模型组，因此上述操作最终将适用于模型组内的每根轴线，最终效果如图 2.1.21 所示。

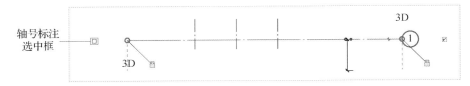

图 2.1.19 轴线的修改（2）

图 2.1.20 轴线的修改（3）

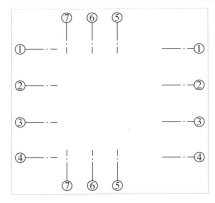

图 2.1.21 轴号的双向标注

在进行绘图操作时，在标高较高的平面上会遇到看不见轴网的情况。出现这种情况的原因是轴网的横截面低于显示平面的标高，因此需要对轴网的横截面标高进行适当的调整，然后即可在较高的平面上找到轴网。具体举例操作如下。

打开立面视图，会发现轴网横截面的轴线低于我们所需要操作的标高 7 视图面。这时，单击选中一条轴线，在轴线上方的端点处单击并拖动端点圆圈向上到标高 7 上部位置，完成修改，如图 2.1.22～图 2.1.26 所示。如果轴网的创建是单个创建，则需要对每根轴线单独操作，如果轴网是使用阵列操作完成绘制的，则修改一根轴线即可完成整个轴网模型组的修改。

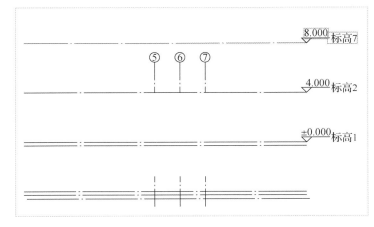

图 2.1.22 轴线高度修改（1）

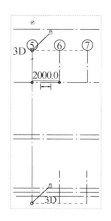

图 2.1.23 轴线高度修改（2）

图 2.1.24 轴线高度修改（3）

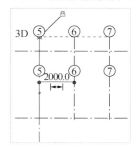

图 2.1.25 轴线高度修改（4）

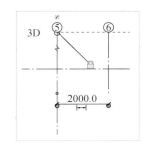

图 2.1.26 轴线高度修改（5）

2.2 绘 制 标 高

2.2.1 标高的定义

标高表示建筑物各部分的高度，是建筑物某一部位相对于基准面（标高的零点）的竖向高度，是竖向定位的依据。在施工图中经常有一个小小的直角等腰三角形，三角形的尖端或向上或向下，这是标高的符号。

标高在建筑中有如下几种分类，标高按基准面选取的不同分为绝对标高和相对标高。

1）绝对标高：是以一个国家或地区统一规定的基准面作为零点的标高，我国规定以青岛附近黄海夏季的平均海平面作为标高的零点；所计算的标高称为绝对标高。

2）相对标高：以建筑物室内首层主要地面高度为零作为标高的起点，所计算的标高称为相对标高。

① 建筑标高：在相对标高中，凡是包括装饰层厚度的标高，称为建筑标高，注写在构件的装饰层面上。

② 结构标高：在相对标高中，凡是不包括装饰层厚度的标高，称为结构标高，注

写在构件的底部，是构件的安装或施工高度。结构标高分为结构底标高和结构顶标高。

标高的含义是标出建筑各部分的相应高度。有以黄海、渤海、珠基等高程体系为基础的，也有建筑物本身的相对高程。除了建筑相关的标高外，其他一般只标尺寸。标高的标准是根据建筑中楼地面做法中的面层厚度而定的。

在 Revit 2018 中，模型的建立也与标高息息相关。首先，标高是确立我们在设计 Revit 项目中的平面视图的基准；其次，标高还是在 Revit 项目中的间隔空间、立体空间等的距离衡量的一个基准。在基础的模型建设中，我们可以先设立标高再进行轴网编辑。

2.2.2　标高的创建

标高是用来定义建筑物垂直高度或楼层高度的工具，因此，我们在建筑设计中创建标高时，需要打开建筑的立面视图来进行相应的操作。

标高的创建

在建筑的东、南、西、北 4 个立面中可任意打开一个立面，如选择打开南立面进行操作，如图 2.2.1 所示。

图 2.2.1　南立面视图

在南立面视图中，可以看到两条已有的标高，这两条标高是 Revit 2018 系统中提供的两条默认标高，一条是 ±0 的标高，一条是高程为 4m 的标高。我们可以在此标高上进行添加标高或修改标高的操作。

1）单击"建筑"选项卡"基准"选项组中的"标高"按钮，弹出"修改|放置 标高"选项卡，如图 2.2.2 所示。

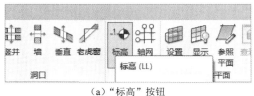

（a）"标高"按钮

（b）"修改|放置 标高"选项卡

图 2.2.2　标高工具

2）在该选项卡中的"绘制"选项组中有两个按钮，一个是"直线"按钮，另一个是"拾取线"按钮。在此，使用绘制直线的方式进行标高的绘制。单击"直线"按钮，将光标移动到我们所需要绘制的标高起始点处单击，然后按住鼠标左键并向右拖动到终点处，释放鼠标左键即可，如图 2.2.3 和图 2.2.4 所示。

图 2.2.3　标高的绘制（1）

图 2.2.4　标高的绘制（2）

在绘制时需要注意，在没有标高模板的情况下，我们可以在界面中的任意位置进行绘制，但如果有标高模板，需要将标高的起始点和终点与原有标高的起始点和终点进行相应的对齐。因此，在绘制时要将光标移动到原有标高的模板上的绝对标高±0 的标高起始点处，确定锁定后缓慢地向下移动一定的距离，然后输入所需要的标高，按 Enter键。再向终点处移动，在与绝对标高相近的地方进行缓慢的移动，会发现在与±0 的标高终点齐平处有一条锁定线，然后按 Enter 键，完成一条标高的绘制，如图 2.2.5～图 2.2.8 所示。

图 2.2.5　标高的绘制（3）

图 2.2.6　标高的绘制（4）

图 2.2.7　标高的绘制（5）

图 2.2.8　标高的绘制（6）

　　当然，使用这种方法绘制一组标高时还可以，但当创建多组标高时，这种方法就过于烦琐了，因此，可以使用复制和阵列的方法进行标高的绘制。

　　单击"修改"选项卡"剪贴板"选项组中的"复制"按钮，然后单击所需要复制的标高线，按 Enter 键，将光标向上移动（如果所绘制的标高在所选定的标高下方则光标向下移动），输入我们所需要的高度值，这里输入 3000，然后按 Enter 键完成绘制，如图 2.2.9 和图 2.2.10 所示。

图 2.2.9　标高的复制（1）

图 2.2.10　标高的复制（2）

　　使用阵列时需要考虑所绘制的标高是否都是一样尺寸的，如果是一样的，则所绘制的时间和工序会大大减少。

　　单击"修改"选项卡"修改"选项组中的"阵列"按钮，然后单击所定的基准标高，按 Enter 键，再次单击基准标高，然后将光标向上或向下移动一小段距离后输入标高尺寸，再次按 Enter 键，最后输入需要的阵列组数，按 Enter 键即可完成绘制，如图 2.2.11～图 2.2.14 所示。

图 2.2.11 标高的阵列（1）

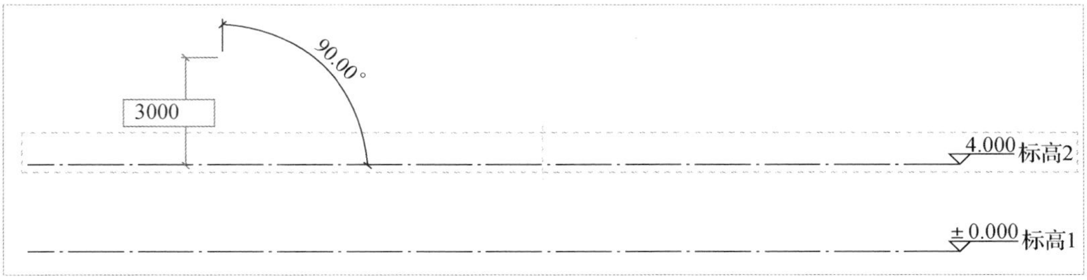

图 2.2.12 标高的阵列（2）

图 2.2.13 标高的阵列（3）

图 2.2.14 标高的阵列（4）

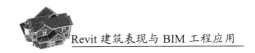

在以上的操作过程中，虽然我们在输入数据时是以毫米（mm）为单位的，但最终绘制完成后会以米（m）为单位。

2.2.3 标高的编辑

标高创建完成后，我们需要根据自己的需要对标高进行必要的编辑，如序号、距离的调整等。因此，标高的编辑对于标高创建的完成来说是有必要的。

标高的编辑

创建标高时，需要打开要进行标高编辑的立面图，如打开南立面图，先修改标高的名称。单击需要修改数据的标高，标高会出现如图 2.2.15 所示的编辑界面。

图 2.2.15　标高的编辑界面

在标高修改框内输入所需要的标高名称后，在界面的任意地方单击，此时系统弹出一个信息提示框，如图 2.2.16 所示，提示是否重命名所属平面视图，单击"是"按钮后重命名该标高所属的平面视图，这一步操作目的是改变该标高平面在项目浏览器的名称，如图 2.2.17 所示。

图 2.2.16　信息提示框

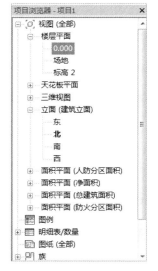

图 2.2.17　修改后的标高名称

修改完标高的名称后，还要根据需要对标高的高度进行修改和调整。对于标高高度的修改，只需要双击标高的高度数据，在弹出的修改框中进行数据的修改，然后单击界面中的空白位置即可完成修改，如图 2.2.18 和图 2.2.19 所示。

图 2.2.18　标高高度的修改（1）

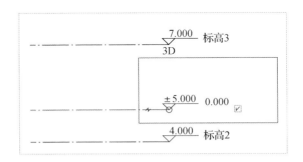

图 2.2.19　标高高度的修改（2）

当绘制的标高没有完整覆盖需要绘制的建筑时，需要对标高的长度进行相应的修改。首先单击需要修改的标高线段，我们可以发现标高的左右两边各有一个圆圈在标高线的两端端口处。将光标移动到标高两端任意一端的圆圈上，按住鼠标左键并拖动圆圈向外拉伸，距离可自己把握，只需要超出所绘制的建筑立面的一小段即可，如图 2.2.20～图 2.2.22 所示。

需要注意的是，如果标高上的锁状符号是闭合的，则可实现整个标高修改的一致性。

图 2.2.20　标高长度的修改（1）

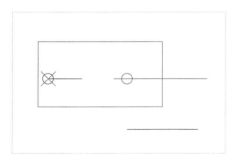

图 2.2.21　标高长度的修改（2）

图 2.2.22　标高长度的修改（3）

2.3　"结构"面板中的柱和梁

2.3.1　结构柱的绘制与编辑

1. 结构柱的绘制

在 Revit 2018 软件的"结构"选项卡中，提供了"柱"工具，如图 2.3.1 所示。单击"结构"选项卡"结构"选项组中的"柱"按钮，弹出"修改|放置 结构柱"选项卡，如图 2.3.2 所示。

结构柱的绘制与编辑

下面开始练习绘制结构柱，如所需绘制的是正方形混凝土柱，则需要导入结构柱的族文件。单击"修改|放置 结构柱"选项卡"模式"选项组中的"载入族"按钮，弹出"载入族"对话框，如图 2.3.3 所示。

图 2.3.1　"柱"工具

图 2.3.2　"修改|放置 结构柱"选项卡

图 2.3.3　"载入族"对话框

在"载入族"对话框中，依次打开"结构"→"柱"→"混凝土"文件夹，如图 2.3.4 所示。

图 2.3.4　"混凝土"文件夹

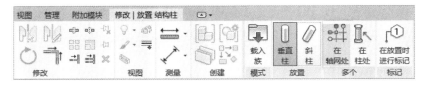

图 2.3.5　柱的放置

在"混凝土"文件夹中提供了许多的混凝土柱子类型，如果想用其他类型的柱子，也可以返回上一级的柱子类型文件夹来选取不同材质的柱子。在此，本节选用"混凝土-正方形-柱"来绘制。选中该柱并双击打开后，开始绘制，如图 2.3.5 所示。

柱子一般是根据轴网来放置的，在轴网交点处放置柱子。一般可以将柱子逐个放置在轴网交点处，也可以利用"修改|放置 结构柱"选项卡"多个"选项组中的"在轴网处"工具来放置。

选中柱子，单击"修改|放置 结构柱"选项卡"多个"选项组中的"在轴网处"按钮，弹出柱子的绘制界面，将光标移动到绘制界面，单击柱子的同时按住 Ctrl 键锁定轴网中的所有柱子，或者按住鼠标左键并拖动全选轴网中的柱子，在相关柱子被选中后，单击"修改|放置 结构柱>在轴网交点处"选项卡"多个"选项组中的"√"按钮完成柱子的绘制，然后打开三维视图查看预览效果。具体绘制过程如图 2.3.6～图 2.3.10 所示。

图 2.3.6　在轴网中放柱（1）

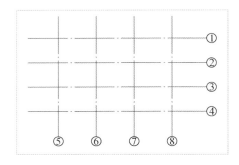

图 2.3.7　在轴网中放柱（2）

图 2.3.8　在轴网中放柱（3）

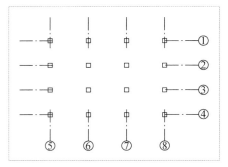

图 2.3.9　在轴网中放柱（4）

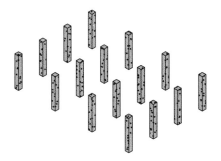

图 2.3.10　在轴网中放柱（5）

2. 结构柱的编辑

绘制完成后，需要对柱子进行必要的属性设置。单击选中结构柱，弹出"属性"窗格，如图 2.3.11 所示。

在柱的"属性"窗格中，可以根据相关设计来编辑其基本属性，如底部限制条件和顶部限制条件、顶部偏移和底部偏移、随轴网移动等都可以在"属性"窗格中进行相关设置。如果想对柱子的其他属性进行编辑，也可以单击"编辑类型"按钮，在打开的"类型属性"对话框中进行编辑，如图 2.3.12 所示。

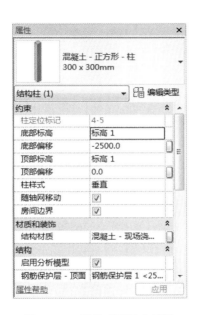

图 2.3.11 柱的"属性"窗格　　　　图 2.3.12 柱的"类型属性"对话框

在柱的"类型属性"对话框中，可以修改其族、类型、结构、尺寸标注等属性。

2.3.2 梁的设计要求

1. 梁纵向受力钢筋应符合的要求

1）伸入梁支座范围内的钢筋不少于两根。

2）梁高不小于 300mm 时，钢筋直径不应小于 10mm；梁高小于 300mm 时，钢筋直径不应小于 8mm。

3）梁上部纵向钢筋水平方向的净间距不应小于 30mm 和 $1.5d$（d 为钢筋的最大直

径）；梁下部纵向钢筋水平方向的净间距不应小于 25mm 和 d。当下部纵向钢筋配置多于两层时，两层以上钢筋水平方向的中距应比下面两层的中距增大一倍，各层钢筋之间的净间距不应小于 25mm 和 d。

4）在梁的配筋密集区域宜采用并筋的形式。

2．梁的上部纵向构造钢筋应符合的要求

1）当梁端按简支计算但实际受到部分约束时，应在支座区上部设置纵向构造钢筋。其截面面积不应小于梁跨中下部纵向受力钢筋计算所需截面面积的 1/4，且不少于两根。该纵向构造钢筋自支座边缘向跨内伸出的长度不应小于 $l_0/5$（l_0 为梁的计算跨度）。

2）对于架立钢筋，当梁的跨度小于 4m 时，直径不小于 8mm；当梁的跨度为 4～6m 时，直径不小于 10mm；当梁的跨度大于 6m 时，直径不小于 12mm。

3．梁中箍筋的配置应符合的要求

1）对于按承载力计算不需要箍筋的梁，当截面高度大于 300mm 时，应沿梁全长设置构造箍筋；但当在构件中部 $l_0/2$ 范围内有集中荷载作用时，应沿梁全长设置箍筋。当截面高度小于 150mm 时，可以不设置箍筋。

2）截面高度大于 800mm 的梁，箍筋直径不宜小于 8mm；截面高度不大于 800mm 的梁，箍筋直径不宜小于 6mm。梁中配有计算需要的纵向受压钢筋时，箍筋直径不应小于 $d/4$（d 为受压钢筋的最大直径）。

3）梁中箍筋最大间距宜符合《混凝土结构设计规范（2015 年版）》（GB 50010—2010）表 9.2.9 的规定。

4）当梁中配有按计算需要的纵向受压钢筋时，箍筋应符合以下规定。

① 箍筋应做成封闭式，且弯钩直线段长度不应小于 $5d$（d 为箍筋直径）。

② 箍筋的间距不大于 $15d$，并不应大于 400mm。当一层内的纵向受压钢筋多于 5 根且直径大于 18mm 时，箍筋间距不应大于 $10d$（d 为纵向受压钢筋的最小直径）。

③ 当梁的宽度大于 400mm 且一层内的纵向受压钢筋多于 3 根时，或当梁的跨度不大于 400mm 但一层内的纵向受压钢筋多于 4 根时，应设置复合箍筋。

4．梁的钢筋配置应符合的要求

1）梁端计入受压钢筋的混凝土受压区高度和有效高度之比，一级抗震不应大于 0.25，二、三级抗震不应大于 0.35。

2）梁端界面的底面和顶面纵向钢筋配筋量的比值，除按计算确定外，一级抗震不应小于 0.5，二、三级抗震不应小于 0.3。

3）梁端箍筋的加密区长度，当梁端纵向钢筋配筋率大于 2% 时，箍筋的最小直径应增大。

4）梁端纵向受拉钢筋的配筋率不宜大于 2.5%，沿梁全长顶面、底面的配筋，一、二级抗震不应少于 $2\phi14$（两根直径为 14mm 的钢筋），且分别不应少于梁顶面、底面梁端纵向配筋中较大截面面积的 1/4；三、四级抗震不应少于 $2\phi12$。

5）一、二、三级抗震框架梁内贯通中柱的每根纵向钢筋直径，对框架结构不应大于矩形截面柱在该方向截面尺寸的 1/20，或纵向钢筋所在位置圆形截面柱弦长的 1/20；对其他结构类型的框架不宜大于矩形截面柱在该方向截面尺寸的 1/20，或纵向钢筋所在位置圆形截面柱弦长的 1/20。

6）梁端加密区的箍筋肢距，一级抗震不宜大于 200mm 和 20 倍箍筋直径的较大值，二、三级抗震不宜大于 250mm 和 20 倍箍筋直径的较大值，四级抗震不宜大于 300mm。

5. 暗梁设置应符合的要求

有端柱时，墙体在楼盖处宜设置暗梁，暗梁的截面高度不宜小于墙厚和 400mm 这两者中的较大值；端柱截面宜与同层框架柱相同。

6. 连梁设置应符合的要求

一、二级核心筒和内筒中跨高比不大于 2 的连梁，当梁截面宽度不小于 400mm 时，可采用交叉暗柱配筋，并应设置普通箍筋；截面高度小于 400mm 但不小于 200mm 时，除设置普通箍筋外，还可另增设斜向交叉构造钢筋。

7. 圈梁设置应符合的要求

1）多层砖砌体房屋的现浇钢筋混凝土圈梁设置应符合下列要求。

① 装配式钢筋混凝土楼、房屋或木屋盖的砖房，应按表 2.3.1 的要求设置圈梁；纵墙承重时，抗震横墙上的圈梁间距应比表内要求适当加密。

表 2.3.1 设置圈梁的要求

墙类	烈度		
	6 度、7 度	8 度	9 度
外墙和内纵墙	屋盖处及每层楼盖处	屋盖处及每层楼盖处	屋盖处及每层楼盖处
内横墙	屋盖处及每层楼盖处；屋盖处间距不应大于 4.5m；楼盖处间距不应大于 7.2m；构造柱对应部位	屋盖处及每层楼盖处；各层所有横墙，且间距不应大于 4.5m；构造柱对应部位	屋盖处及每层楼盖处；各层所有横墙

② 现浇或装配式钢筋混凝土楼、屋盖与墙体有可靠连接的房屋，应不允许另设圈

梁，但楼板沿抗震墙体周边均应加强配筋并与相应的构造柱钢筋可靠连接。

2）多层砖砌体房屋的现浇钢筋混凝土圈梁的构造应符合下列要求。

① 圈梁应闭合，遇有洞口圈梁应上下搭接。圈梁与预制板设在同一标高处或紧靠板底。

② 在《建筑抗震设计规范（2016 年版）》（GB 50011—2010）中要求的间距内无横墙时，应利用梁或板缝中配筋替代圈梁。

③ 圈梁的截面高度不应小于 120mm，配筋应符合表 2.3.2 的要求；增设的基础圈梁，截面高度不应小于 180mm，配筋不应少于 $4\phi12$。门窗洞处不应采用砖过梁，过梁支承长度，抗震设防烈度为 6～8 度时不应小于 240mm，抗震设防烈度为 9 度时不应小于 360mm。

表 2.3.2　圈梁配筋的要求

配筋	烈度		
	6 度、7 度	8 度	9 度
最小纵筋	$4\phi10$	$4\phi12$	$4\phi14$
箍筋最大间距/mm	250	200	150

④ 所有纵横墙均应在楼屋盖标高处设置加强的现浇钢筋混凝土圈梁：圈梁的截面高度不宜小于 150mm，上下纵筋各不应少于 $3\phi10$，箍筋不小于 $\phi6$，间距不大于 300mm。

⑤ 多层小砌块房屋的现浇钢筋混凝土圈梁的设置位置应按《建筑抗震设计规范（2016 年版）》（GB 50011—2010）中多层砖砌体房屋圈梁的要求执行，圈梁宽度不应小于 190mm，配筋不应少于 $4\phi12$，箍筋间距不应大于 200mm。

3）底部框架-抗震墙砌体房屋的钢筋混凝土托墙梁，其截面和构造应符合下列要求。

① 梁的截面宽度不应小于 300mm，梁的截面高度不应小于跨度的 1/10。

② 箍筋的直径不应小于 8mm，间距不应大于 200mm；梁端在 1.5 倍梁高且不小于 1/5 梁净跨范围内，以及上部墙体的洞口处和洞口两侧各 500mm 且不应小于梁高的范围内，箍筋间距不应大于 100mm。

③ 沿梁高应设腰筋，配筋不应少于 $2\phi14$，间距不应大于 200mm。

④ 梁的纵向受力钢筋和腰筋应按受拉钢筋的要求锚固在柱内，且支座上部的纵向钢筋在柱内的锚固长度应符合钢筋混凝土框支梁的有关要求。

2.3.3　梁的绘制与编辑

1. 梁的绘制

Revit 2018 提供了创建梁的工具，单击"结构"选项卡"结构"选

梁的绘制与编辑

项组中的"梁"按钮，如图 2.3.13 所示，弹出"修改|放置 梁"选项卡，如图 2.3.14 所示。

绘制梁时，系统默认使用工字钢作为梁基础。因此，在绘制前需要先导入族文件，单击"修改|放置 梁"选项卡"模式"选项组中的"载入族"按钮，弹出"载入族"对话框，并打开对话框中的"结构"文件夹，如图 2.3.15 所示。

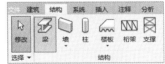

图 2.3.13 "梁"按钮

图 2.3.14 "修改|放置 梁"选项卡

图 2.3.15 "结构"文件夹

在"结构"文件夹中选择打开"框架"→"混凝土"文件夹，如图 2.3.16 所示。

在"混凝土"文件夹中，选择"混凝土-矩形梁"构件（可以使用其他梁构架，需要自己判断），单击"打开"按钮，将其导入该项目文件中。

导入之后，单击图 2.3.14 中的"绘制"选项组中的"直线"按钮，然后将光标移动到绘制梁的起始点处单击，按住鼠标左键并向终点处拖动，待拖动到终点处后释放鼠标左键，即可完成绘制。打开三维视图查看已绘制梁结构的效果。具体绘制过程如图 2.3.17～图 2.3.19 所示。

图 2.3.16 "混凝土"文件夹

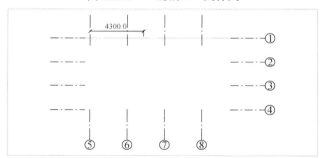

图 2.3.17 梁的绘制（1）

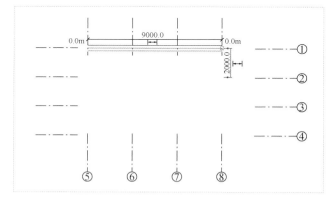

图 2.3.18 梁的绘制（2）

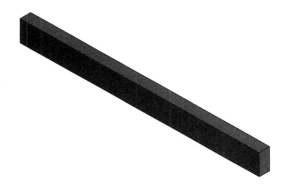

图 2.3.19　梁的绘制（3）

2. 梁的编辑

绘制完梁后，还需要对梁进行属性编辑。单击需要编辑的梁，弹出其"属性"窗格，如图 2.3.20 所示。

在梁的"属性"窗格中，可修改梁的限制条件，如起点标高偏移和终点标高偏移等数据；当然，其他的数据属性也可以按需修改。

对梁的属性修改则需要单击"编辑类型"按钮，在弹出的"类型属性"对话框中进行设置，如图 2.3.21 所示。

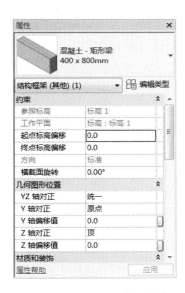

图 2.3.20　梁的"属性"窗格

图 2.3.21　梁的"类型属性"对话框

在"类型属性"对话框中，可以在顶部的"族"类型中修改梁的族样式，还可以在下方修改梁的尺寸标注、标识数据等。需要注意的是，在修改梁属性时，需要对原有的族文件进行复制并重命名，之后再进行相应的修改。对族文件的修改原则是尽量不修改系统样板族文件，这样不会改变族库中的原文件。

2.4　使用楼板与屋顶工具

2.4.1　楼板设计要求

楼板设计的基本要求在于楼板的最低厚度的设置要求，因此关于楼板厚度的相关要求如下。

1）《混凝土结构设计规范（2015 年版）》（GB 50010—2010）规定：民用建筑楼板最小厚度单向板为 60mm，双向板为 80mm。

2）一般住宅建筑楼板厚度：厨房、卫生间等小跨度空间为 90mm，一般房间为110mm，大开间客厅一般为 120～140mm。

3）上海市《关于印发〈关于进一步强化绿色建筑发展推进力度提升建筑性能的若干规定〉的通知》（沪建管联〔2015〕417 号）第三条中的第 2 款规定："新建民用建筑的楼板厚度应不小于 150mm，并采取相应技术措施满足隔声要求。"

2.4.2　楼板的绘制与编辑

1. 楼板的绘制

Revit 2018 提供了 3 类楼板和 1 种楼板工具，其"建筑"选项卡"构建"选项组的"楼板"下拉列表中包括"楼板:建筑""楼板:结构""面楼板""楼板:楼板边"4 个选项，如图 2.4.1 所示。

楼板的绘制与编辑

图 2.4.1　"楼板"下拉列表

在建筑中，一般使用"楼板:建筑"选项来完成楼板的绘制。选择图 2.4.1 中的"楼

板:建筑"选项,弹出"修改|创建楼层边界"选项卡,如图 2.4.2 所示。

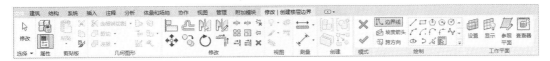

图 2.4.2 "修改|创建楼层边界"选项卡

在"修改|创建楼层边界"选项卡中,有"边界线""坡度箭头""跨方向"3 种绘制方式。我们选择"边界线"选项来绘制楼板。在"边界线"中,系统提供了多种绘制方式,如"直线绘制""矩形绘制""五边形绘制""多边形绘制""圆形绘制""弧形绘制""拾取线""拾取墙"等。在建筑中一般是有墙存在的,因此,可以直接使用"拾取线"或"拾取墙"来完成楼板的绘制。本节演示使用"直线"按钮绘制楼板的方法。

单击"绘制"选项组中的"直线"按钮,将光标移动到平面视图框中的起始点处,并绘制一个闭合区域。绘制完成后,单击"修改|创建楼层边界"选项卡"模式"选项组中的"√"按钮完成整体的绘制。最后打开三维模式观察楼板的三维效果。具体绘制过程如图 2.4.3～图 2.4.6 所示。

图 2.4.3 楼板的绘制(1)

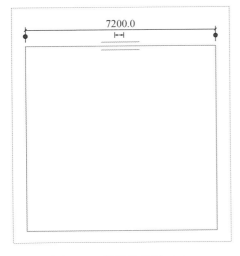

图 2.4.4 楼板的绘制(2)

图 2.4.5 楼板的绘制(3)

图 2.4.6　楼板的绘制（4）

2. 楼板的编辑

绘制完楼板后，还需要对楼板进行相应的编辑。

1）单击并选中楼板，同时在左侧会弹出 "属性" 窗格，如图 2.4.7 所示。

在该"属性"窗格中，可以修改限制条件，如标高、自标高的高度偏移、房间边界等，这些都是基础属性；如果需要对楼板的其他属性进行设置，则要在其"类型属性"对话框中进行相应的选择。

2）单击"编辑类型"按钮，弹出"类型属性"对话框，如图 2.4.8 所示。

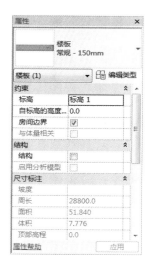

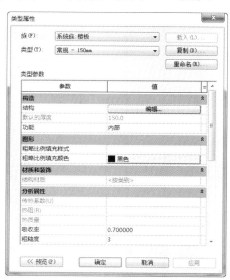

图 2.4.7　楼板的"属性"窗格　　　　图 2.4.8　楼板的"类型属性"对话框

3）可以在"类型属性"对话框中修改"族"类型。单击"类型"下拉按钮，在弹出的下拉列表中选择需要的族文件即可，如图 2.4.9 所示。

4）选中一个族类型后，可以对其结构、功能、材质等属性进行修改，但需要将要修改的族先复制并重命名，再进行编辑。单击"重命名"按钮，在弹出的"重命名"对话框的"新名称"文本框中输入新名称，然后单击"确定"按钮即可，如图 2.4.10 所示，之后就可以修改它的属性了。修改完成后，我们可以查看编辑修改的楼板效果，单击"类型属性"对话框左下角的"预览"按钮即可预览效果，如图 2.4.11 所示。

图 2.4.9　"类型"下拉列表

图 2.4.10　重命名族

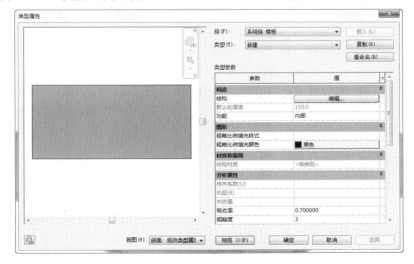

图 2.4.11　预览效果

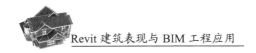

5）预览确认编辑无误后，单击"确定"按钮完成修改。需要注意的是，确定完成后，新建的族会自动收录在族库中，下一次就可以在族库中查找并使用它。

2.4.3 屋顶设计规范

1．屋顶设计的基本要求

（1）做好隔热保温

重点选择外隔热材料，做好隔热保护。想要阻挡热量从外界侵入，可以使用隔热材料在整个房屋的"外壳"上做一层外保护基础，这个外保护可以重点从窗框材质、玻璃材质、外墙涂料 3 方面入手，选择优质的隔热材料。

若顶楼层高足够，用户可以在屋顶内或在吊顶和屋顶之间安装一层 XPS 挤塑保温板，材料价格适宜且工程量偏小，楼层高的可以用厚一点（3～4cm）的材料，若想节约用料可用 2～2.5cm 厚的材料。除此之外还可以做内墙保温层，在内墙和顶面之间加入木板、纤维、苯板等导热系数较低的材料，这样顶楼的保温隔热效果就可大大提高。

遮光防晒细节处理，对于采光能力超强的顶层而言，适当增加房间的遮光也是非常必要的工作之一。建议大家在主要采光窗外设置可以开合的遮阳棚，使用遮光效果较强的窗帘等帮助遮光防晒。

（2）重视防水措施

楼顶层比较容易出现屋顶漏水的问题，所以除了要做好隔热，尤其要注意防水渗漏。

（3）合理选择涂料，做好防水基础

防水涂料是防水工程的基础，目前市面上主要的防水涂料有硬性灰浆、柔性灰浆、丙烯酸酯、聚氨酯等。针对顶楼位置，推荐使用硬性灰浆和聚氨酯，前者使用方便、背水面防水效果好、价格适中；后者则可以室内外兼用、能耐高温，适应基层变形，但价格稍贵。

（4）防御有重点区域，不同空间区别对待

相对其他楼层，顶楼房屋防水的重点区域主要集中在屋顶、阳台、卫浴间。尤其是屋顶的防水层，可在楼板上刷一层专用的防水漆或厚点的沥青漆，再加一层水泥砂浆层起保护防水漆或沥青的作用。

2．屋顶的形式及设计要求

按使用的材料，屋顶可分为钢筋混凝土屋顶、瓦屋顶、金属屋顶、玻璃屋顶等；按屋顶的外形和结构形式，屋顶又可分为平屋顶、坡屋顶及其他形式的屋顶（悬索屋顶、薄壳屋顶、拱屋顶、折板屋顶等）。

1）平屋顶。平屋顶易于协调统一建筑与结构的关系，较为经济合理，因此是一种被广泛采用的屋顶形式。

平屋顶既是承重构件，又是围护结构。为满足多方面的功能要求，屋顶构造具有多种材料叠合、多层次做法的特点。

平屋顶也应有一定的排水坡度，一般把坡度在 2%～5% 的屋顶称为平屋顶。

2）坡屋顶。坡屋顶是我国的传统屋顶形式，广泛应用于民居等建筑。现代的某些公共建筑考虑景观环境或建筑风格的要求也常采用坡屋顶。

坡屋顶的常见形式有单坡、双坡屋顶、硬山及悬山屋顶、四坡歇山及庑殿屋顶、圆形或多角形攒尖屋顶等。

坡屋顶的屋面防水材料多为瓦材，坡度一般为 10%～100%。坡度为 10%～20% 时，一般使用金属板材屋面；坡度超过 20% 时，一般使用平瓦及油毡瓦屋面。

3）其他形式的屋顶。民用建筑有时也采用曲面或折面等其他特殊形状的屋顶，如拱屋顶、折板屋顶、薄壳屋顶、桁架屋顶、悬索屋顶、网架屋顶等。

3. 屋顶的防水要求

作为围护结构，屋顶最基本的功能是防止渗漏，因而屋顶构造设计的主要任务就是解决防水问题。一般通过采用不透水的屋面材料及合理的构造处理来达到防水的目的，同时也需根据情况采取适当的排水措施，将屋面积水迅速排掉，以减少渗漏的可能。因而，一般屋面需做一定的排水坡度。

屋顶的防水是一项综合性技术，它涉及建筑及结构的形式、防水材料、屋顶坡度、屋面构造处理等问题，需要综合考虑。设计中应遵循"合理设防、防排结合、因地制宜、综合治理"的原则。

2.4.4　屋顶的绘制与编辑

1. 屋顶的绘制

Revit 2018 提供了屋顶工具，单击"建筑"选项卡"构建"选项组中的"屋顶"下拉按钮，在弹出的下拉列表中包含"迹线屋顶""拉伸屋顶""面屋顶"3 种屋顶绘制方式，以及"屋檐:底板""屋顶:封檐板""屋顶:檐槽"3 种绘制工具，如图 2.4.12 所示。

屋顶的绘制与编辑

在本节中，我们选用迹线屋顶来完成屋顶的绘制。选择图 2.4.12 中的"迹线屋顶"选项，弹出"修改|创建屋顶迹线"选项卡，如图 2.4.13 所示。

图 2.4.13 所示的"绘制"选项组中提供了两种绘制方式：边界线和坡度箭头。单击"边界线"绘制方式中的"直线"按钮，将光标移动到绘制线的起始点处单击，开始绘制，遇到需要折的地方再次单击后改变绘制方向，直至终点处单击完成绘制，再单击图 2.4.13 中"模式"选项组中的"√"按钮完成绘制，打开三维视图检查绘制的屋顶。具体绘制过程如图 2.4.14～图 2.4.18 所示。

图 2.4.12　屋顶选项

图 2.4.13　"修改|创建屋顶迹线"选项卡

图 2.4.14　屋顶的绘制（1）

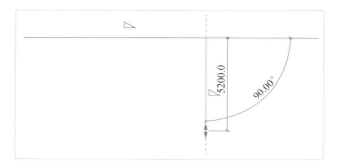

图 2.4.15　屋顶的绘制（2）

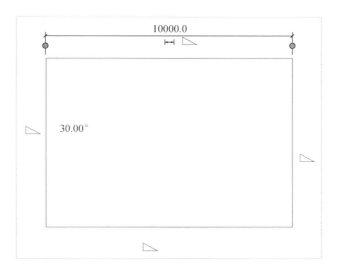

图 2.4.16　屋顶的绘制（3）

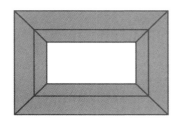

图 2.4.17　屋顶的绘制（4）

图 2.4.18　屋顶的绘制（5）

2. 屋顶的编辑

绘制完屋顶后，还需要根据建筑的需要对屋顶进行编辑。单击选中需要编辑的屋顶构件，弹出"属性"窗格，如图 2.4.19 所示。

在"属性"窗格中，可以修改屋顶的底部标高、坡度等数据。坡度的调整需要在绘制屋顶前进行，也就是坡度设计，设计完成后再在该"属性"窗格中进行修改。如果需要对屋顶的属性进行调整，则要在屋顶的"类型属性"对话框中进行编辑。单击"属性"窗格中的"编辑类型"按钮，弹出"类型属性"对话框，如图 2.4.20 所示。

在屋顶的"类型属性"对话框中，可以对屋顶的样式族文件进行调整，也可以复制、重命名后进行其他属性的修改，如结构、图形的填充样式和填充颜色等属性信息。设置完成后，可以通过单击"预览"按钮来浏览屋顶的初步效果，最后单击"确定"按钮完成屋顶的编辑。具体的操作方法与楼板的编辑类似，在此不做过多的说明。

图 2.4.19 屋顶的"属性"窗格

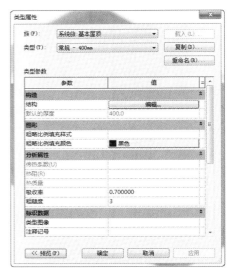

图 2.4.20 屋顶的"类型属性"对话框

2.5 绘制、编辑墙体

2.5.1 墙体的绘制

墙体的绘制

在绘制墙体时，需要对墙体各方面的属性及参数值进行考虑，包括墙体的高度、墙体构造的做法、内外墙的区分、墙体外观和墙身大样等，还需要考虑墙体在图纸上显示的线宽粗细、精细程度等。这就意味着当我们创建一面墙时，需要在一开始就对墙体有一个整体的考虑及设计。当设置好墙体的数据后，便需要在 Revit 2018 操作界面内进行墙体的创建操作。

首先打开 Revit 2018 软件，在"建筑"选项卡"构建"选项组中单击"墙"下拉按钮，弹出的下拉列表如图 2.5.1 所示。

图 2.5.1 "墙"下拉列表

在"墙"下拉列表中提供了"墙:建筑"、"墙:结构"、"面墙"、"墙:饰条"和"墙:分隔条"5 个选项。墙体工具为我们提供了建筑墙、结构墙及墙体的装饰工具。在此我们以建筑墙为例,进行相应操作的讲解。

选择图 2.5.1 中的"墙:建筑"选项,功能区将弹出"修改|放置 墙"选项卡,如图 2.5.2 所示。

图 2.5.2 "修改|放置 墙"选项卡

在"修改|放置 墙"选项卡中,依次有"属性""剪贴板""几何图形""修改""视图""测量""创建""绘制"选项组。当确定好墙体位置后,单击"绘制"选项组中的一种绘制按钮。软件提供了多种绘制按钮,包括直线、矩形、多边形、圆形等,因此可以根据意向方案的需要来选择墙体的绘制方式。另外,在绘制之前,需要对墙体进行一次简单的属性编辑,即在功能区的下方进行简单的修改,如修改高度、定位线、半径等。具体操作方法如下。

选择"墙:建筑"选项,在"绘制"选项组中选择"绘制方式→定义属性→确定起始位置→确定终点位置→绘制并确定→完成"。

例如,用"直线"按钮绘制墙体时,单击绘制方式"直线"按钮后,在绘制界面上选择合适的位置单击,以确定起始位置,然后输入距离,如"7200",按 Enter 键确定,然后按 Esc 键完成绘制,绘制的墙体如图 2.5.3 所示。

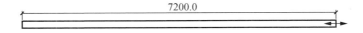

图 2.5.3 绘制的墙体

需要注意的是,在普通墙的绘制过程中,需要顺时针绘制墙体,因为在 Revit 2018 的绘制判定中是存在墙体的内外墙面之分的,因此需要在绘制墙体时区分墙体的内外墙面。如果在绘制时没有注意,也可以再调整墙体的内外墙面,即在墙体绘制完毕后单击墙体,对墙体进行编辑,我们会发现墙体的上方会出现一个箭头标志,单击并使其显示内外墙面,箭头所在位置的面即为外墙面,如图 2.5.4 所示。

图 2.5.4 内外墙面的选择

如果导入了.dwg 文件,就可以使用提取线或提取边的方式进行墙体的绘制,使用该

方式进行墙体的绘制会更加简便。当然，如果在绘制一个面如楼板或其他面的体量时，也可以通过拾取面的方式来自动生成墙体。但在这些操作之前我们需要对绘制的墙体进行基本的属性编辑。

2.5.2 墙体的编辑

墙体绘制完毕后，需要根据自己的想法进行墙体的编辑。

操作方法如下：选中墙体，激活墙体的"属性"窗格，如图 2.5.5 所示。

墙体的编辑

在"属性"窗格中，可以对墙体的类型、定位线、底部约束、底部偏移、顶部约束、房间边界等属性进行调整。

1. 复制与重命名

如果修改"属性"窗格中的项目属性不能完全满足设计墙体的类型所需，便要对墙体进行进一步的编辑。单击"属性"窗格中的"编辑类型"按钮，弹出"类型属性"对话框，如图 2.5.6 所示。

图 2.5.5　墙体的"属性"窗格　　　　图 2.5.6　墙体的"类型属性"对话框

可以在"类型属性"对话框中对墙体构造中的结构、功能等参数进行修改，其他诸如图形、材质和装饰、尺寸标注、分析属性等参数，也可以进行编辑。需要注意的是，在进行墙体编辑之前，需要对墙体进行复制和重命名等操作。因为在编辑墙体时，如果没有对墙体进行复制与重命名操作，其他墙体的属性也会进行同步的修改。因此，为了保存原始文件，需要对墙体进行复制与重命名的操作。重命名时，单击"类型属性"对话框中的"重命名"按钮，在弹出的"重命名"对话框中的"新名称"文本框中输入新的名称，然后单击"确定"按钮即可，如图 2.5.7 所示。

2. 编辑结构层

重命名完成后，单击新墙体"结构"中的"编辑"按钮，弹出"编辑部件"对话框。在该对话框中，可以对该墙体进行添加层与删减层的操作，如图 2.5.8 所示。

图 2.5.7　墙体的重命名

图 2.5.8　墙体的结构编辑

3. 选择材质

在结构中，当需要对结构层进行材质的编辑时，单击"类型属性"对话框中的"材质和装饰"选项组"结构材质"右侧的"按类别"按钮，弹出如图 2.5.9 所示的材质浏览器。

在该材质浏览器中，可以有选择地对结构材质进行编辑。如果在项目中没有找到构件所需要的材质，就可以打开材质库，在材质库中寻找目标材质。

首先我们需要新建一个材质：单击材质浏览器界面左下角的"新建材质"下拉按钮（），在弹出的下拉列表中选择"新建材质"选项，如图 2.5.10 所示。

在新建材质后，可通过单击"新建材质"按钮右侧的"打开/关闭资源浏览器"按钮打开外观库，如图 2.5.11 所示。

图 2.5.9　材质浏览器

图 2.5.10　选择"新建材质"选项

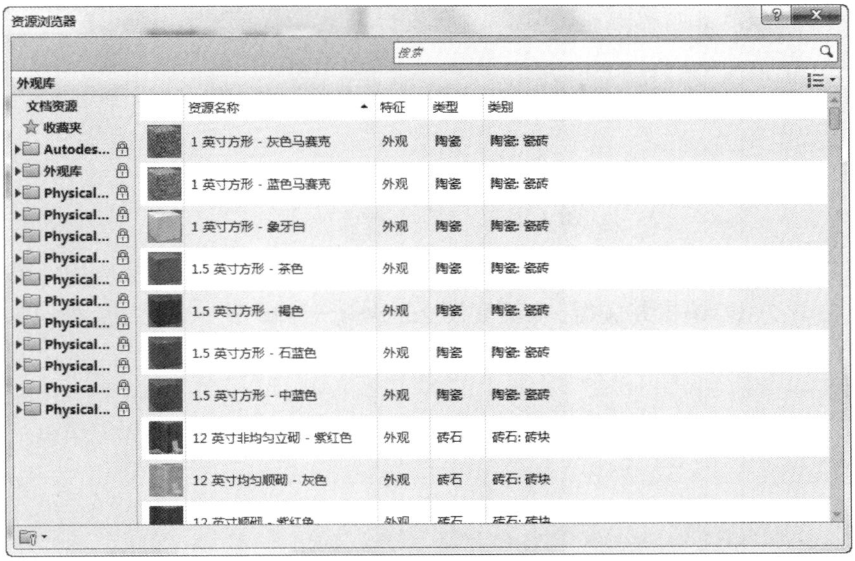

图 2.5.11 外观库

4. 编辑材质属性

在打开的材质库找到所需的材质，选中并单击"应用"按钮即可完成材质的使用。我们也可以对新选用的材质进行相应的编辑，如"图形""外观""标识""物理""热度"等参数的修改。在每个大的分类下都有许多小的编辑项目，如在"着色"选项中可以编辑颜色及透明度等。在修改表面填充图案及截面填充图案时需要自己进行构思并选择。

单击"确定"按钮后，材质便可以进行替换。如此便可完成结构材质的选择。

5. 编辑轮廓

墙体立面的编辑需要在立面视图或三维视图下进行。首先选中需要进行修改的墙体，打开立面视图或三维视图，如图 2.5.12 所示。此时选中立面视图，然后双击墙体进行立面轮廓的编辑，或者在"修改|墙"选项卡中选择"编辑 轮廓"选项，如图 2.5.13 所示。

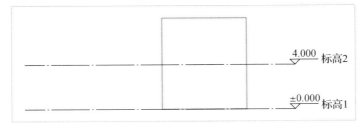

图 2.5.12 立面视图

图 2.5.13 "编辑 轮廓"选项

在"绘制"选项组中，选择合适的工具进行轮廓编辑，根据所需要的轮廓形状，进行相应的工具选择。编辑完成后，界面如图 2.5.14 所示，单击"√"按钮，效果如图 2.5.15 所示。

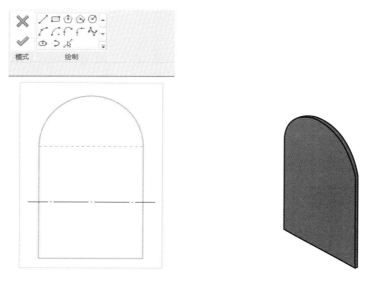

图 2.5.14　编辑后的轮廓　　　　　　　图 2.5.15　编辑后的效果

在使用轮廓编辑功能时，可以使用不同种类的墙体进行相应的立面效果编辑，以满足立面效果多样化的要求。

6. 添加装饰条和分隔条

装饰条和分隔条是装饰墙体的工具。例如，在使用装饰条功能时，同样在立面视图或三维视图立面中进行相应的操作，单击"建筑"选项卡"构建"选项组中的"墙"下拉按钮，在弹出的下拉列表中选择"墙:饰条"选项，然后将光标移动到需要饰条的位置后单击即可，如图 2.5.16 所示，显示效果如图 2.5.17 所示。

同理，"墙:分隔条"的使用方法与饰条相似，区别是效果上有所不同，分隔条的效果图如图 2.5.18 所示。

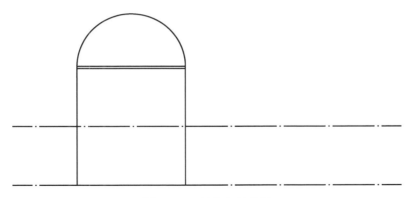

图 2.5.16 装饰条的使用

图 2.5.17 装饰条的效果图   图 2.5.18 分隔条的效果图

使用其他工具编辑墙体，如偏移、复制等工具，在此不作详细介绍。

细化建筑内容

3.1 使用幕墙工具

1. 幕墙构件的介绍

Revit 2018 的幕墙工具其实就是一种特殊墙体的创建工具。幕墙是指由玻璃、金属材质的幕墙镶嵌板及幕墙的竖梃规则排布的一种墙体。因此，在创建幕墙时，需要设计、计算好幕墙的竖梃分布，幕墙的材质区分也要有一定的规划。

（1）按构件分类

幕墙按构件分类，可分为框架式（元件式）幕墙和单元式幕墙。

1）框架式（元件式）幕墙。框架式幕墙包括明框式幕墙、隐框式玻璃幕墙、横明竖隐式玻璃幕墙、横隐竖明式玻璃幕墙。

2）单元式幕墙。单元式幕墙包括单元式玻璃幕墙、半单元式玻璃幕墙、小单元式玻璃幕墙。

（2）按是否开放分类

按是否开放，幕墙分为封闭式和开放式，开放式幕墙如呼吸式幕墙（双层动态节能幕墙）。

区别：封闭式幕墙需要使用中性硅酮耐候密封胶、泡沫棒，而开放式幕墙则不需要使用。开放式幕墙的装饰效果好、防水效果好、寿命长，易通风。

（3）按结构形式分类

常见的玻璃幕墙结构形式有隐框、半隐框、明框、点式、全玻璃等。

因此，选好玻璃幕墙有助于幕墙的创建。

2. 幕墙的绘制与编辑

幕墙在 Revit 2018 软件中属于墙体的一种。幕墙工具包括幕墙和

幕墙的绘制与编辑

幕墙系统，两者在设置上有异曲同工之妙。

幕墙在 Revit 2018 软件中有 3 种类型，分别为幕墙、外部玻璃及店面。其位置在"墙"工具的属性内，如图 3.1.1 所示。

图 3.1.1　幕墙的类型

在幕墙绘制完成后，还需要对幕墙进行相应的编辑，包括幕墙的竖梃、网格分割、嵌板样式等。因此，在绘制幕墙时需要对幕墙的每一个单元预留位置。

（1）幕墙的绘制

接下来，我们便开始绘制幕墙。上文说幕墙其实是墙体的一种，并且幕墙的 3 种类型均在"墙"工具下，因此我们可以仿照绘制墙体的方式进行幕墙的绘制。

单击"建筑"选项卡"构建"选项组中的"墙"按钮，然后在激活的"属性"窗格中单击"幕墙"下拉按钮，在弹出的下拉列表中选择需要的幕墙类型。在此选用"幕墙"来进行绘制，也可以按照墙体进行绘制后将墙的属性修改为幕墙。具体操作如下。

直接绘制：选择"墙：建筑"选项→定义属性→在类型选择器中选择"幕墙"→绘制→完成，具体绘制过程如图 3.1.2～图 3.1.4 所示。

（2）幕墙的编辑

幕墙的属性编辑与墙体的属性编辑类似，对于外部玻璃和店面这两种类型的幕墙，可以用"类型属性"对话框进行相应的编辑。单击选中待修改的幕墙，激活"属性"窗格，单击"编辑类型"按钮，在弹出的"类型属性"对话框中进行相应的编辑，如图 3.1.5 所示。

图 3.1.2　直接绘制幕墙（1）

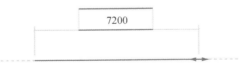

图 3.1.3　直接绘制幕墙（2）

我们可以在幕墙的"类型属性"对话框中进行相应的编辑，如编辑幕墙的类型属性和实例、改变店面及外部玻璃这两种幕墙类型的幕墙网格布局形式和间距值，或者改变其旋转角度和偏移值等。

对于幕墙的立面编辑及其他常规修改设置，请参照墙体工具的编辑设置。

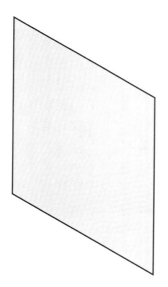

图 3.1.4　直接绘制幕墙（3）

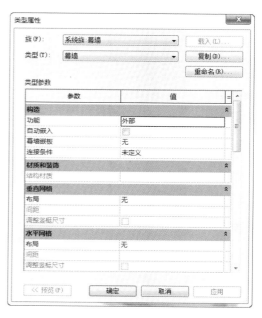

图 3.1.5　编辑幕墙

3. 幕墙网格和竖梃

在"建筑"选项卡中，"幕墙网格"和"竖梃"是两个独立的选项，如图 3.1.6 所示。

图 3.1.6　"幕墙网格"和"竖梃"

在操作时，若项目中存在已经绘制完成的幕墙，则在绘制完成的幕墙上进行幕墙网格和竖梃的绘制即可。

（1）幕墙网格

单击"建筑"选项卡"构建"选项组中的"幕墙网格"按钮，弹出"修改|放置 幕墙网格"选项卡，如图 3.1.7 所示。

图 3.1.7　"修改|放置 幕墙网格"选项卡

在该选项卡中的"放置"选项组中，有"全部分段""一段""除拾取外的全部""重新放置幕墙网格"4 个选项。

1）全部分段：指单击此按钮即可添加整条网格线，如图 3.1.8 所示。

2）一段：指单击此按钮即可添加一段网格线细分嵌板，如图 3.1.9 所示。

3）除拾取外的全部：指单击此按钮即可先添加一条红色的整条网格线，单击不需要添加网格线的部分，该处网格线变为虚线，实线处即为添加网格线，如图 3.1.10 所示。

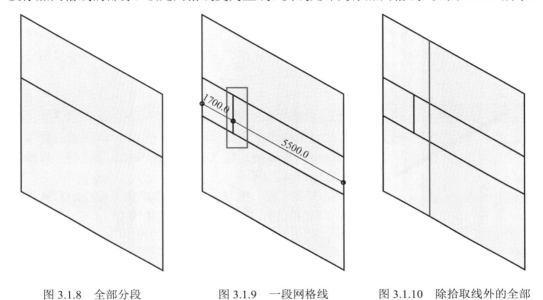

图 3.1.8　全部分段　　　　图 3.1.9　一段网格线　　　　图 3.1.10　除拾取线外的全部

4）重新放置幕墙网格：用于完成幕墙系统的编辑。

（2）竖梃

对于竖梃，在绘制上则相对简单一些。单击"建筑"选项卡"构建"选项组中的"竖梃"按钮，弹出"修改|放置 竖梃"选项卡，如图 3.1.11 所示。

图 3.1.11　"修改|放置 竖梃"选项卡

在该选项卡中的"放置"选项组中有 3 个选项可供选择，可以根据网格线的形式进行相应选择。

具体操作如下：在"建筑"选项卡中选择"竖梃"选项→选择竖梃类型→在网格中

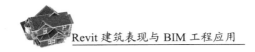

提取拾取线→绘制竖梃→完成竖梃。

效果如图 3.1.12 所示。

4. 幕墙系统的介绍

幕墙系统在 Revit 2018 中是一种由嵌板、幕墙网格和竖梃组成的构件。在幕墙系统上绘制网格线及竖梃与在幕墙上类似。幕墙系统在绘制之前是通过选择体量图元面来生成的。绘制之后便可以使用上文所述的方法进行绘制幕墙网格线及竖梃等幕墙构件的操作。幕墙系统的作用是可将体量图元面定义成可绘制幕墙的图元。

因此，对于一些异形的或自建的体量，需要通过使用幕墙系统来完成幕墙的创建。具体操作如下：在"构建"选项组中选择"幕墙系统"选项→拾取图元面或常规图元面可建幕墙系统→确定幕墙系统→利用幕墙网格及竖梃等工具添加构件→完成幕墙系统。

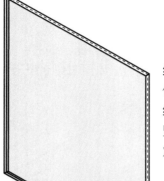

图 3.1.12　绘制完成的竖梃

需要注意的是，我们说的拾取常规模型的面的意义在于内建族中的组类别为常规模型的内建族模型。

3.2　插入楼梯和坡道

3.2.1　楼梯及其设计要求

房屋各个不同楼层之间需设置上下交通联系的设施，这些设施有楼梯、电梯、自动扶梯、爬梯、坡道、台阶等。楼梯作为竖向交通和人员紧急疏散的主要交通设施，使用最广泛；电梯主要用于高层建筑或有特殊要求的建筑；自动扶梯用于人流量大的场所；爬梯用于消防和检修；坡道用于建筑物入口处方便行车；台阶用于室内外高差之间的联系。

楼梯作为建筑物垂直交通设施之一，首要的作用是联系上下交通通行；其次，楼梯作为建筑物的主体结构还起着承重的作用；除此之外，楼梯还具有安全疏散、美观装饰等功能。设有电梯或自动扶梯等垂直交通设施的建筑物也必须同时设有楼梯。在设计中，要求楼梯坚固、耐久、安全、防火；做到上下通行方便，便于搬运家具物品，有足够的通行宽度和疏散能力。

1. 楼梯的组成

楼梯一般由楼梯段、楼梯平台、栏杆（或栏板）和扶手 3 部分组成，楼梯所处的空间称为楼梯间。

1）楼梯段又称楼梯跑，是楼层之间的倾斜构件，同时也是楼梯的主要使用和承重部分，它由若干个踏步组成。为减少人们上下楼梯时的疲劳和适应人们行走的习惯，一个楼梯段的踏步数要求最多不超过 18 级，最少不少于 3 级。

2）楼梯平台是指楼梯梯段与楼面连接的水平段或连接两个梯段之间的水平段，供楼梯转折或使用者略作休息之用。平台的标高有时与某个楼层相一致，有时介于两个楼层之间。与楼层标高相一致的平台称为楼层平台，介于两个楼层之间的平台称为中间平台。

楼梯的两梯段或三梯段之间形成的竖向空隙称为梯井。在住宅建筑和公共建筑中，根据使用和空间效果不同而确定不同的取值。住宅建筑应尽量减小梯井宽度，以增大梯段净宽，一般取值为 100～200mm。公共建筑梯井宽度的取值一般不小于 160mm，并应满足消防要求。

3）栏杆和扶手是楼梯段的安全设施，一般设置在梯段和平台的临空边缘。要求它必须坚固可靠，有足够的安全高度，并应在其上部设置供人们手扶持用的扶手。在公共建筑中，当楼梯段较宽时，常在楼梯段和平台靠墙一侧设置靠墙扶手。

2. 楼梯设计时应考虑的因素

楼梯作为建筑空间竖向联系的主要部件，其位置应明显，起到提示引导人流的作用，并要充分考虑其造型美观，人流通行顺畅，行走舒适，结合坚固，防火安全，同时还应满足施工和经济条件的要求。因此，需要合理地选择楼梯的形式、坡度、材料、构造做法，精心地处理好其细节构造，设计时需综合权衡这些因素。

1）作为主要楼梯，应与主要出入口邻近，且位置明显；同时还应避免垂直交通与水平交通在交接处拥挤、堵塞。

2）楼梯的间距、数量及宽度应经过计算满足防火疏散要求。楼梯间内不得有影响疏散的凸出部分，以免挤伤人。楼梯间除允许直接对外开窗采光外，不得向室内任何房间开窗；楼梯间四周墙壁必须为防火墙；对防火要求高的建筑物特别是高层建筑，应设计成封闭式楼梯或防烟楼梯。

3）楼梯间必须有良好的自然采光。

3. 楼梯的分类

建筑中楼梯的形式较多，楼梯的分类一般可按以下原则进行。

1）按照楼梯的材料分类，楼梯有钢筋混凝土楼梯、钢楼梯、木楼梯及组合材料楼梯。

2）按照楼梯的位置分类，楼梯有室内楼梯和室外楼梯。

3）按照楼梯的使用性质分类，楼梯有主要楼梯、辅助楼梯、疏散楼梯及消防楼梯。

4）按照楼梯的平面形式分类，楼梯有开敞楼梯、封闭楼梯、防烟楼梯。

5）按照楼梯的平面的形式不同，楼梯可分为如下几种。

① 单跑楼梯。单跑楼梯不设中间平台，由于其梯段踏步数不能超过 18 步，所以一般用于层高较低的建筑内。

② 交叉式楼梯。交叉式楼梯由两个直行单跑梯段交叉并列布置而成。通行的人流量较大，且为上下楼层的人流提供了两个方向，对于空间开敞、楼层人流多方向进入有利，但仅适合于层高低的建筑。

③ 双跑楼梯。双跑楼梯由两个梯段组成，中间设休息平台。双跑折梯可通过平台改变人流方向，导向较自由。折角可改变，当折角≥90°时，由于其行进方向似直行双跑梯，故常用于仅上二层楼的门厅、大厅等处；当折角<90°成锐角时，往往用于不规则楼梯间。

直楼梯也可以是多跑（超过两个梯段）的，用于层高较高的楼层或连续上几层的高空间。这种楼梯给人以直接、顺畅的感受，导向性强，在公共建筑中常用于人流较多的大厅，用在多层楼面时会增加交通面积并加长人流行走的距离。

双跑平行楼梯，这种楼梯由于上完一层楼刚好回到原起步方位，与楼梯上升的空间回转往复性吻合。当上下多层楼面时，比直楼梯省面积并缩短人流行走距离，是应用最为广泛的楼梯形式。

④ 双分、双合式平行楼梯。双分式平行楼梯是在双跑平行楼梯基础上演变而来的。第一跑位置居中且较宽，到达中间平台后分开两边上，第二跑一般是第一跑的 1/2 宽，两边加在一起与第一跑等宽。其通常用在人流多、需要梯段宽度较大时。由于其造型严谨对称，经常被用作办公建筑门厅中的主楼梯。双合式平行楼梯，情况与双分式楼梯相似。

⑤ 剪刀式楼梯。剪刀式楼梯实际上是由两个双跑直楼梯交叉并列布置而形成的。它既增大了人流通行能力，又为人流变换行进方向提供了方便。其适用于商场、多层食堂等人流量大，且行进方向有多向性选择要求的建筑中。

⑥ 转折式三跑楼梯。这种楼梯梯井部分通常留有较大的空间，有时可利用该空间作为电梯井位置设置电梯。由于具有三跑梯段，踏步数量较多，常用于层高较高的公共建筑中。

⑦ 螺旋楼梯。螺旋楼梯平面呈圆形，通常中间设一根圆柱，用来悬挑支承扇形踏步板。由于踏步外侧宽度较大，并形成较陡的坡度，行走时不安全，所以这种楼梯不能用作主要人流交通和疏散楼梯。螺旋楼梯构造复杂，但由于其流线形造型比较优美，故常常作为观赏楼梯。

⑧ 弧形楼梯。弧形楼梯的圆弧曲率半径较大，其扇形踏步的内侧宽度也较大，使坡度不至于过陡。一般规定这类楼梯的扇形踏步上、下级所形成的平面角不超过 10°，且每级离内扶手 0.25m 处的踏步宽度超过 0.22m 时，可用作疏散楼梯。弧形楼梯常用在大空间公共建筑门厅中，用来通行一至二层之间较多的人流，也丰富和活跃了空间处理。但其结构和施工难度较大，成本高。

4. 楼梯踏步及踏高相关规范

楼梯的踏步及踏高的相关规范如表 3.2.1 所示。

表 3.2.1　楼梯的踏步及踏高的相关规范

名称	踏步宽/mm		踏步高/mm	
	最大值	常用值	最小值	常用值
住宅	175	150～175	260	260～300
中小学校	150	120～150	260	260～300
办公楼	160	140～160	280	280～340
幼儿园	150	120～140	260	260～280
剧场、会堂	160	130～150	280	300～350

3.2.2　扶手的绘制与编辑

Revit 2018 提供了楼梯工具。楼梯的创建需要使用扶手和楼梯的系统族，可以根据定义它们的类型参数来创建我们所需要的楼梯。在创建楼梯之前，要先学习扶手的创建。

扶手的绘制与编辑

1. 扶手的绘制

1）单击"建筑"选项卡"楼梯坡道"选项组中的"栏杆扶手"下拉按钮，弹出的下拉列表如图 3.2.1 所示。

图 3.2.1　"栏杆扶手"下拉列表

在"栏杆扶手"下拉列表中，提供了两种绘制方式，一种为"绘制路径"，另一种为"放置在楼梯/坡道上"。这两种绘制方式各有各的优点。"绘制路径"的绘制方式更加灵活，更偏向于设计；而"放置在楼梯/坡道上"的绘制方式更加便捷，但却又太过于呆板，不容易调整和修改。因此，我们先以"绘制路径"的建筑方式来完成扶手的绘制。

2）选择"绘制路径"选项，弹出"修改|创建栏杆扶手路径"选项卡，如图 3.2.2 所示。

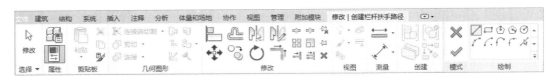

图 3.2.2   "修改|创建栏杆扶手路径"选项卡

在该选项卡中，可以看到在"绘制"选项组中提供了多种绘制方式，如"直线""矩形""五边形""多边形""圆形""弧线""拾取线"等。在此，我们使用"直线"按钮来完成扶手的绘制。

3）单击"直线"按钮，在功能区下方的属性栏中可修改偏移量，如图 3.2.3 所示。如果是放置在所在视图平面内，则偏移量为 0；如果在平面的上方或下方，则偏移量应该相应地增加或减少，即正负多少的偏移量。

图 3.2.3   偏移量

图 3.2.4   扶手的绘制（1）

偏移量修改完成后，将光标移动到绘制栏杆的起始位置单击，按住鼠标左键并向终点方向拖动，待移动到终点位置后，释放鼠标左键即可完成绘制，单击"修改|创建栏杆扶手路径"选项卡中的"√"按钮即可完成整个绘制，打开三维视图，可查看绘制完成的栏杆扶手，如图 3.2.4～图 3.2.7 所示。

图 3.2.5   扶手的绘制（2）

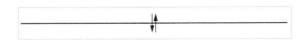

图 3.2.6   扶手的绘制（3）

2. 扶手的编辑

扶手的编辑需要利用"属性"窗格来进行。首先，单击需要编辑的扶手，然后在"属性"窗格中会显示该扶手的相关属性，如图 3.2.8 所示。

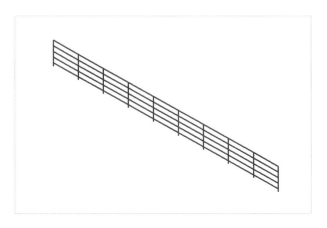

图 3.2.7　扶手的绘制（4）

　　在扶手的"属性"窗格中，可以修改一些基本的属性设置，如底部标高、底部偏移、从路径偏移等一些基本的设置。当然，如果想编辑扶手其他的属性，则需要单击"编辑类型"按钮，在弹出的"类型属性"对话框中进行设置，如图 3.2.9 所示。

图 3.2.8　扶手的"属性"窗格

图 3.2.9　扶手的"类型属性"对话框

　　在"类型属性"对话框中，可以对扶手的属性进行设置及编辑。例如，我们可以重新编辑族文件的构造，如编辑它的材质、结构等，还可以对它的顶部扶栏等部位进行编辑。

需要注意的是，因为我们编辑的扶手是 Revit 2018 族库中的原族件，因此，需要重新复制一个族文件来进行编辑，这样才可以不使族文件混淆或修改。

另外，在编辑扶手时，可以利用扶手的修剪、复制等修改工具来进行扶手的修改，可以将两段未连接的扶手连接起来，两段未连接的扶手中间可以再添加一段扶手，这样连接是没有断点的。

3.2.3 楼梯的绘制与编辑

楼梯的绘制与编辑

1. 单跑楼梯的绘制

在 Revit 2018 中，提供了多种楼梯样式，分别有"直梯""全踏步螺旋""圆心——端点螺旋""L 形转角""U 形转角""创建草图"6 种。一般情况下，使用"直梯"来完成楼梯的绘制，使用这种方式绘制既简便又快速。因此，在此选用"直梯"来完成绘制。

在绘制之前，需要为楼梯做一个规划，本节暂定绘制一个梯段宽为 2000mm、层高为 3600mm 的楼梯。通常，在绘图之前，需要对楼梯进行初期的设置。

（1）楼梯的属性编辑

单击"建筑"选项卡"构建"选项组中的"楼梯"按钮，在弹出的"修改|创建楼梯"选项卡中，单击"梯段"中的"直梯"按钮即可激活楼梯的"属性"窗格，然后进行相应的设置，如图 3.2.10 所示。

（a）"直梯"按钮　　　　　　　　　　（b）楼梯的"属性"窗格

图 3.2.10　楼梯工具

在"属性"窗格中，可以对楼梯的样式、限制条件、图形、尺寸标注等基本信息进行相应的设置。

在"属性"窗格的最上方可以进行楼梯样式的编辑，可以选择我们想要的楼梯样式。另外，楼梯的整体样式可以通过在后期进行相应的编辑来改变，在此不做具体说明。单击"楼梯"下拉按钮，在弹出的下拉列表中任意选择一个楼梯来完成绘制，如图 3.2.11 所示。

选择完楼梯样式后，可以在下方对楼梯的限制条件进行相应的修改，层高的确定是设置的要点。如果是根据楼层平面来确定楼梯的高度，则应该编辑底部限制条件和顶部限制条件两项，分别设置需要的层高即可。如果不是利用楼层平面来确定楼梯的高度，也需要按照确定底部和顶部限制条件来设计，但可以在底部的限制平面下进行相应的偏移，也可以在顶部的限制平面下进行相应的偏移。

设置完楼梯的层高后，还需要设置楼梯的梯段宽度，在限制条件下方的"尺寸标注"中进行相应的设置，可以通过修改它的宽度来完成梯段宽度的修改。

最后，还需要设置楼梯的图形信息，即在平面显示中是否需要显示楼梯向上或向下的文字及标头。相应的编辑只需要选中所需选择项目后方的复选框即可。

当然，仅仅编辑这些是远远不够的，还需要对楼梯的踏步宽及踏步高进行编辑。因此，需要用到楼梯的"类型属性"对话框来完成具体的编辑操作。

单击"属性"窗格中的"编辑类型"按钮，弹出"类型属性"对话框，如图 3.2.12 所示。在"类型属性"对话框中，可以对最大踢面高度、最小踏板深度、最小梯段宽度、构造、支撑等设置进行相应的编辑。

图 3.2.11　选择楼梯样式

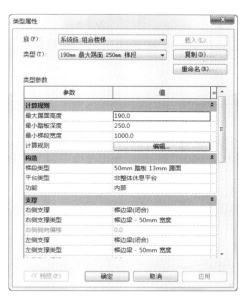

图 3.2.12　楼梯的"类型属性"对话框

在楼梯"类型属性"对话框中，当对楼梯的构造进行编辑时，需要根据设置的楼梯属性对构造的功能等设置进行相应的修改。

需要注意的是，在进行相应的楼梯编辑时，在操作之前一定要进行复制族文件并重命名该文件。编辑族文件的原则是尽量不修改原有族文件。

（2）楼梯的绘制

进行相应的编辑之后，我们便可以进行楼梯的绘制了。

单击"梯段"中的"直梯"按钮，并将光标移动到绘制界面上。

将光标移动到所需要绘制的起始点处单击，然后按住鼠标左键并向绘制的终点处拖动，待移动到终点处后释放鼠标左键即可完成绘制，之后单击"修改|创建楼梯"选项卡"模式"选项组中的"√"按钮完成整体的绘制。最后打开三维模式检查楼梯效果。具体绘制过程如图 3.2.13～图 3.2.17 所示。

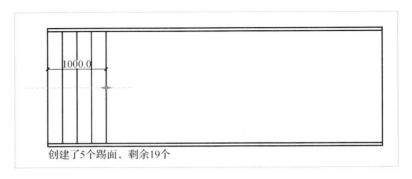

图 3.2.13　楼梯的绘制（1）

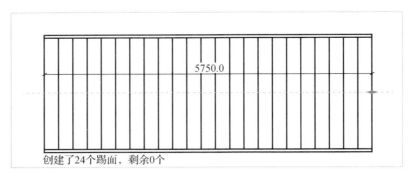

图 3.2.14　楼梯的绘制（2）

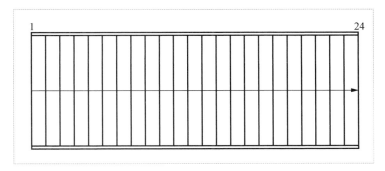

图 3.2.15 楼梯的绘制（3）

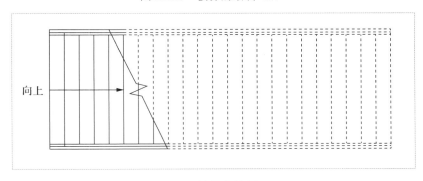

图 3.2.16 楼梯的绘制（4）

图 3.2.17 楼梯的绘制（5）

2. 双跑楼梯的绘制

以上绘制的楼梯为直楼梯，但一般我们绘制的多为双跑楼梯。因此，我们需要熟练掌握绘制双跑楼梯的方法。

绘制双跑楼梯时，同样是先单击"梯段"中的"直梯"按钮，将光标移动到起始点

处单击，然后按住鼠标左键并向后方拖动进行拉伸绘制，在绘制的过程中可以看到图中剩余梯段的数量随着拉伸逐渐地减少，我们所绘制的楼梯踏步数量为 24，因此需要在踏步数量剩余 12 的时候释放鼠标左键并完成该段梯段的绘制，再然后按住鼠标左键并沿着梯段的终点线处水平地向下拖动，直到空余出一个梯井（200mm）的空间时，释放鼠标左键并开始绘制另外一个梯段，方向为向上一个梯段的起始点处绘制。当踏步数量为 0 时停止绘制，并单击界面空白处完成绘制，最后单击"修改|创建楼梯"选项卡"模式"选项组中的"√"按钮完成整体的绘制，打开三维模式查看楼梯。具体绘制过程如图 3.2.18～图 3.2.23 所示。

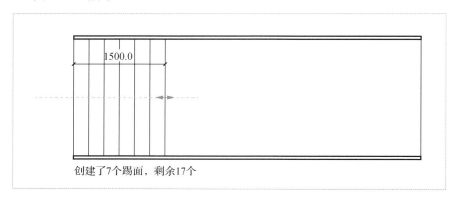

图 3.2.18　双跑楼梯的绘制（1）

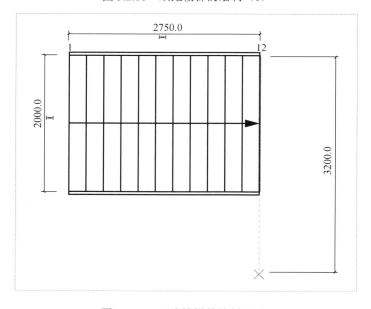

图 3.2.19　双跑楼梯的绘制（2）

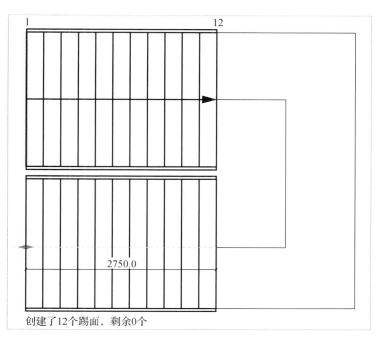

创建了12个踢面，剩余0个

图 3.2.20　双跑楼梯的绘制（3）

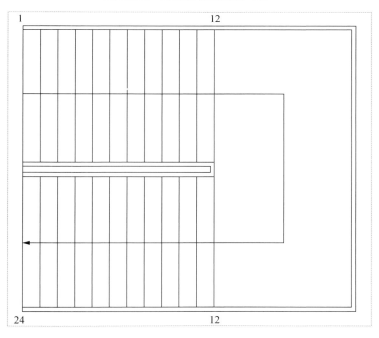

图 3.2.21　双跑楼梯的绘制（4）

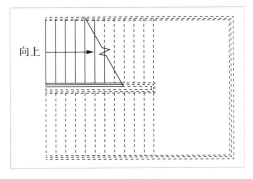

图 3.2.22 双跑楼梯的绘制（5）   图 3.2.23 双跑楼梯的绘制（6）

其他样式楼梯的绘制方法与这两种楼梯的绘制方法大同小异，在此不再赘述。

3.2.4 坡道的绘制与编辑

1. 坡道规范要求

坡道的绘制与编辑

1）直线式坡道，坡面宽不小于 1200mm，坡度不大于 1：12。

2）折返双坡道，坡面宽 1200mm，坡度为 1：12，坡道起点与终点及休息平台深度为 1500mm。

3）L 形坡道、弧形坡道、U 形坡道、折返三坡道，坡面宽 1200mm，坡度小于1：12，坡度起点与终点及休息平台深度为 1500mm。

4）台阶及坡道组合体，适用于建筑路口、城市广场等地面高差较大的地段，其节省用地，方便通行，观赏效果较好。其坡面要平整而不光滑，宽度要大于 1200mm，坡度要小于 1：12，其他由设计人员确定。

5）轮椅通行的坡度在不同坡度时对高度与水平长度有限定要求，另外需注意以下几点。

① 1：12 坡道为建筑物的坡道最低标准。

② 1：6 坡道轮椅使用者的双手推动两次后，前面的小轮即可达到水平部分。

③ 为了安全通行，大于 1：12 的坡道应有协助者推动轮椅上下行。

6）供残疾人使用的门厅、过厅及走道等地面有高差时应设坡道，坡道的宽度不应小于 900mm。

7）每段坡道的坡度、允许高度和水平长度，应符合表 3.2.2 的规定。

表 3.2.2 坡道的设计规定

坡道坡度（高/长）	1/8	1/10	1/12
每段坡道允许高度/m	0.35	0.60	0.75
每段坡道允许水平长度/m	2.80	6.00	9.00

8）每段坡道的高度和水平长度超过表 3.2.2 的规定时，应在坡道中间设休息平台，休息平台的深度不应小于 1.20m。

9）坡道转弯时应设休息平台，休息平台的深度不应小于 1.50m。

10）在坡道的起点及终点，应留有深度不小于 1.50m 的轮椅缓冲地带。

11）坡道两侧应在 0.90m 高度处设扶手，两段坡道之间的扶手应保持连贯。

12）坡道起点及终点处的扶手，应水平延伸 0.30m 以上。

13）坡道侧面凌空时，在栏杆下端宜设安全挡台，其高度不小于 50mm。

坡道的绘制方法与楼梯的绘制方法相似。

Revit 2018 提供了坡道的绘制方式。单击"建筑"选项卡"楼梯坡道"选项组中的"坡道"按钮，弹出"修改|创建坡道草图"按钮，如图 3.2.24 所示。

（a）"坡道"按钮

（b）"修改|创建坡道草图"选项卡

图 3.2.24　坡道工具

2. 坡道的属性编辑

在绘制之前，我们依然需要进行前期的编辑工具，打开坡道的"属性"窗格，如图 3.2.25 所示。

在该"属性"窗格中，可选择坡道的样式，方法与选择楼梯样式的方法类似，在"属性"窗格的顶部单击"坡道"下拉按钮，在弹出的下拉列表中选择样式。然后在下面的限制条件中进行约束的设置，如底部标高、顶部标高等，如果并未按照参照平面齐平的要求绘制，则需要在每个高度限制平面外另外增加偏移量来完成坡道的绘制。此外，还可以编辑其图形栏，如文字的向上或向下等内容。

当然，这些设置也都是一些最基础的设置，如果想编辑坡道的属性设置，也就是坡道的材质、结构等设置，依然需要在其"类型属性"对话框中进行相应的设置。单击"编辑类型"按钮，弹出"类型属性"对话框，如图 3.2.26 所示。

在"类型属性"对话框中，可以编辑坡道的造型、厚度、功能等，这些都可以影响坡道的外观，因此，我们需要在绘制之前做一些必要的草图设计等工作。

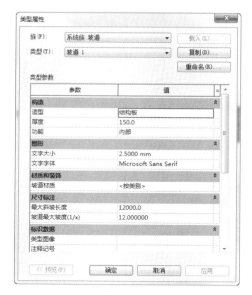

图 3.2.25　坡道"属性"窗格　　　　图 3.2.26　坡道"类型属性"对话框

可在"尺寸标注"选项组中对其最大斜坡长度和坡道最大坡度进行相应的设置，这里需要进行相应的规范设置来完成。

在"类型属性"对话框中可对其坡道材质进行编辑，单击图 3.2.26 中的"坡道材质"右侧的"按类型"按钮，弹出材质浏览器，如图 3.2.27 所示。

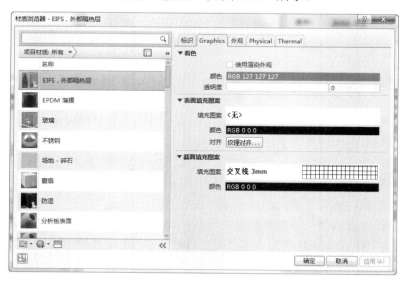

图 3.2.27　坡道材质浏览器

在材质浏览器中便可对坡道的材质进行相应的设置。

3. 坡道的绘制

在前期的属性编辑完成后，便可以开始坡道的草图绘制了。

单击"梯段"中的"直线"按钮，在平面视图内将光标移动到起始点处单击，然后按住鼠标左键并向后拖动，待到坡道剩余为零时停止绘制并释放鼠标左键完成草图的绘制，最后单击"修改|创建坡道草图"选项卡"模式"选项组中的"√"按钮完成整体的绘制。打开三维模式观察坡道的绘制效果。具体绘制过程如图 3.2.28～图 3.2.31 所示。

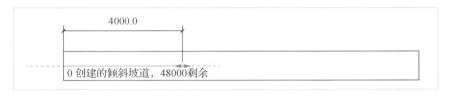

图 3.2.28　坡道的绘制（1）

图 3.2.29　坡道的绘制（2）

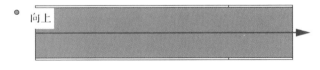

图 3.2.30　坡道的绘制（3）

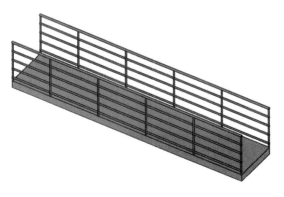

图 3.2.31　坡道的绘制（4）

3.3 操作门及窗插件

门、窗构件是在 Revit 2018 中除墙以外的两种常见的建筑构件。门、窗是一处建筑的眼睛，建筑拥有了门、窗才能被赋予灵性。因此，门、窗的使用在 Revit 2018 中是比较重要的。

在 Revit 2018 中，门、窗是插在墙内的构件。当然，墙也包括玻璃幕墙。因此，我们在本节中不仅要学会在普通墙中插入门、窗，还要学会在玻璃幕墙中插入门、窗。

3.3.1 门、窗的设计规范

Revit 2018 有自己独立的一套门、窗族库，其中门、窗都有已经设置好的样式及尺寸，特别的是它的门、窗可以在原有基础上进行再编辑，如果在原有族库中找不到需要的族文件，可以在 Revit 2018 中进行门、窗族构件的创建，自建门、窗族。因此，了解门、窗的相关尺寸标准是有必要的。下面着重摘选了一些门、窗的设计规范，仅供读者参考。

1. 门、窗的设计

门、窗是建筑的单元，是立面效果的装饰符号，最终体现出建筑的特点。尽管不同建筑对门、窗的设计有不同的要求，门、窗大样分隔千变万化，但还是可以找寻出一些规律。

（1）门、窗立面分隔要符合美学特点

分隔设计时，要考虑如下因素。

1）分隔比例的协调性。就单个玻璃板块来说，长宽比接近黄金分割比是美的，不宜设计成正方形和长宽比达 1 : 2 以上的狭长矩形。

2）门、窗立面分隔既要有一定的规律又要体现变化，在变化中求规律；分隔线条疏密有度；等距离、等尺寸划分显示了严谨、庄重、严肃；不等距自由划分则显示韵律、活泼和动感。

3）至少同一房间、同一墙面门、窗的横向分隔线条要尽量处于同一水平线上，竖向线条尽量对齐。

4）门、窗立面设计时要考虑建筑的整体效果要求，如建筑的虚实对比、光影效果、对称性等。

（2）门、窗颜色的选配

门、窗颜色的选配是影响建筑最终效果的重要一环。在确定颜色时，要与建筑设计师、业主等多方共同商定，最终要有建筑设计师的签字确认。

（3）门、窗的个性化设计

可以根据顾客的不同爱好和审美观点，设计出独特的门、窗造型。

（4）门、窗的通透性

门、窗立面在主视部位的视线高度范围内（1.5～1.8m）最好不要设置横框和竖框，以免遮挡视线。有些门、窗需要采用高透光率的玻璃或要求具有较大的开阔视野，便于观看室外风景。

（5）门、窗的采光和通风

门、窗的通风面积和活动扇数量要满足建筑通风的要求；同时门、窗的采光面积也应满足《建筑采光设计标准》（GB 50033—2013）的规定和建筑设计图的要求。《公共建筑节能设计标准》（GB 50189—2015）规定：建筑外窗每个朝向的窗墙面积比均不应大于 0.7。当窗墙面积比小于 0.4 时，玻璃的可见光透射比不应小于 0.4。

2. 门、窗分隔大样方面的设计

1）在满足房间通风要求及玻璃可擦性的前提下，开启扇要尽量少设置，少设置开启扇能降低成本，提高气密性、水密性及保温性能，以及提高门、窗视野及通透性等。

2）门、窗分隔的设计要与整体建筑立面相协调，同一层门、窗的高度分隔须对应，同一立面位置的门、窗宽度分隔须对应，以提高门、窗及建筑的立面效果。

3）门、窗开启的设计要充分考虑开启位置周围房间结构及家具的布局。要向靠墙的一侧开启；开启扇要对应门口，使房间通风顺畅；要考虑是否便利开启，90°开启过程是否会刮碰房内物体，开启后是否对人活动造成不便，如工程设计时经常遇到卫生间和厨房的水龙头及淋浴房等影响内开窗扇的开启等问题，此时就需要对窗分隔进行调整；平开及推拉窗要充分考虑窗扇的设计，平开窗应注意开启扇左右撇的设计，推拉窗常开的扇要设计在内侧滑道上。

4）绘制门、窗分隔图时，要标注出门、窗的水平标高，一般标注为门、窗框下沿距室内成活地面高度，如 P+900（P 指室内成活地面高度），不同的房间室内成活地面有高度差时应做出特别说明，以确定高窗是设计成上亮还是下亮，以及确定上亮、下亮的高度。一般情况下，开启扇下横高度为 900～1100mm，开启扇的合适高度为 1000～1500mm。

5）在开启扇宽度设计方面，平开内倒窗应控制在 650～900mm 内，单内开窗应控制在 600～650mm 内，因为平开内倒窗开启以内倒状态为主，如果扇宽度太小，上悬张口小，会影响通风。单内开窗开启方式为内平开，如果扇宽度太宽，平开后会占用室内空间，造成使用不便，且窗扇容易掉角，增加维修量。外平开窗扇宽宜控制在 450～650mm 内，如果太宽，会造成外开开启不便及摩擦铰链承重不够，产生掉角。外平开窗高度应控制在 1500mm 以内。

6）门高度设计不宜超过 2400mm，门扇宽度不宜超过 950mm，门内外开的设计以方便使用为原则，一般外平开门因不占使用空间，应用较多，但高层外门（一般为阳台门）易被风吹引起摆动，且门铰链外置，有被腐蚀且不安全的缺点。逃生用外门一定要设计为外开门。

7）窗上亮、侧亮与开启比例也要兼顾等分或黄金分割比例的原则。当设计有横向中梃时，一定要考虑横梃距地面的高度，以免影响人的观景视野。

8）在设计圆弧固定窗时，其中部（弧顶）尽量不要设计有竖梃，以免遮挡视线。

9）固定窗大小的设计，还要考虑玻璃的强度要求及加工、搬运、安装的可行性。一般使用 5mm 中空玻璃且板面不宜大于 1500mm×1600mm，面积不宜大于 2.5m²。

10）在内开扇及外开扇宽度设计上，要考虑五金的最小槽宽安装要求，平开内倒窗扇最小槽宽要求为 400mm，外平开扇最小槽宽要求为 204mm。

11）在圆弧窗及圆拱窗设计方面，要注意考虑型材的最小弯曲半径，同时圆弧形窗还要考虑玻璃是否能够装配成功，是否需要外装压条。

12）在绘制分隔大样图时，一定要按照比例绘制，包括框扇的线条尺寸，以便清晰地判断分隔设计是否美观、合理。

3. 门、窗强度及结构方面的设计

1）门、窗设计首先要满足强度及刚度要求，只有保证有足够的强度及刚度，门、窗才能安全使用，型材及玻璃才不易损坏。

2）门、窗强度计算因国家没有明确的计算标准，一般按幕墙的计算标准进行校核，分杆件的强度与刚度校核及玻璃的强度与刚度校核。其中，与墙体直接连接的杆件不做计算，一般是中梃及拼接位做计算，中空玻璃一般计算外层玻璃的强度与刚度。

3）在门、窗杆件结构设计方面，因横梃既承受风荷载又承受自身的重力荷载，受力状态不如立梃，因此组合门、窗主受力杆件一般选择为立梃，但门、窗如果为窄高型，高度尺寸远大于宽度尺寸，还应选择横梃为主受力杆件。

4）在门、窗承受的各类荷载中，风荷载最大，因此型材截面及加强部位的设计要最有利于抵抗风荷载。中梃的加强方式有两种：一是靠自身惯性矩的提高，如塑窗型材内腔的加厚衬钢，要尽量设计成此方式，耗材低，同时加强部位窄小、美观；二是靠在外设增强材料，如塑窗的钢板拼接及中梃拼接，此种方式虽然便于成品组装，但拼接处外形不美观且耗材高。

5）拼接位加强料的选择要通过计算，但也可参考已设计过的工程，主要和杆件两支点间的距离、楼层高度及拼接位杆件两侧分隔宽度有关。对于 VEKA 塑窗，一般情况下，1500mm≤跨度≤1900mm，可采用中梃内设加厚衬钢；1900mm＜跨度≤2200mm，可采用小拼接；2200mm＜跨度≤2600mm，可采用 60×10 钢板（管）拼接；2600mm＜跨度≤3000mm，可采用 80×10 钢板（管）拼接；3000mm＜跨度≤3500mm，可采用 100×10 钢板（管）拼接。对于超大型窗或跨层窗（类似幕墙），当以上加强结构都不能满足要求时，应采取特殊方式加强或设钢梁支撑，且钢梁两端设埋件与墙体连接，并经严格计算选择梁截面，做到耗材低且又能满足强度要求。

6）当玻璃的强度或刚度不能保证时，玻璃易破碎且中空玻璃的内外片玻璃发生弯曲贴在一起，引起彩虹现象并导致中空保温隔声失效。玻璃的强度、刚度计算与玻璃的幅面大小及长宽比有关（见国家标准中空玻璃厚度选用表），当玻璃厚度不能满足要求时，应通过加厚玻璃来解决，因为如果采用钢化增强方式，玻璃的刚性（弯曲挠度）依然解决不了，因为从计算公式可知，玻璃的刚度计算与是否为钢化玻璃没有关系。但加厚玻璃后要考虑中空玻璃的质量及安装楼层高度，不要带来安装及日后维修的不便。弯弧玻璃可认为是半钢化玻璃，一般玻璃幅面小于 2.6m² 采用 5mm 玻璃强度及刚度都可保证，4mm 中空玻璃幅面不宜大于 2.0m²，采用单片玻璃时厚度不宜低于 5mm。对于门玻璃的设计，因为门直接与人体接触，从防止破损及安全角度考虑不宜采用小于 5mm 的玻璃。

7）在设计中碰到推拉窗、固定窗上下拼接的情况时，拼接长度在大于 1800mm 时，会导致拼接（或中梃）位的塌腰，引起安装超差及开启不灵活，在设计说明中对此处玻璃安装次序及玻璃垫的垫法要有说明，拼接长度过大时在设计上要采取加强措施。

4. 各类特殊门、窗的设计

（1）平面圆弧窗

1）根据塑窗玻璃及框弧长、半径的不同，最终有以下 4 种设计结果。

① 半径很大（$R > 5000mm$），玻璃弧长按正常缩尺加工。

② 半径较大（$3000mm < R \leq 5000mm$），玻璃弧长按正常缩尺再小 10mm 以内，侧框在不开槽的情况下，玻璃可以安装进去。但玻璃设计要注意不要缩尺太多，以免中空玻璃含量太小，铝条露出太多。

③ 半径较小（$1000mm < R \leq 3000mm$），一边侧框需要开槽（不穿衬钢），玻璃安装时需要将一侧先滑进侧框槽内，才能安装进去。

④ 半径太小（$R \leq 1000mm$），侧框开槽玻璃依然安装不进去，这时要设计为外装玻璃，这会给现场安装及日后维修带来麻烦。在具体工程设计中，究竟是哪种结果，要严格按计算机放样、按比例绘制出框及玻璃相对位置并旋转后得出结论，放样图形要保留，作为校对的依据。

2）圆弧平开扇只能做单平开，不能做平开上悬，圆弧半径不能小于 3500mm，否则框上锁座会刮扇，即便半径大于 3500mm，在扇上相对锁座的位置也要开槽，同时因框、扇弯弧弧度很难吻合，使窗密封性能很差，因此设计要尽量回避，采用平窗设计。

3）圆弧窗采用平窗设计时，开扇宽度不要太宽（≤650mm），否则会失去弧形效果。

4）不要设计有豁口的弧形中空玻璃，因为热弯玻璃过程中玻璃内部会形成热应力，玻璃加工及安装后很容易破损。

（2）立面圆弧窗及异形窗

1）设计要先计算机放样，型材下料长度、角度及玻璃加工尺寸都要以计算机放样为依据（校对依据）。

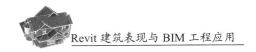

2）对于塑窗型材，当端部下料角度不是 45° 时，要注意焊接熔量不是一端加 3mm，正确的焊接熔量是垂直于切面预留 2.2mm，再反推下料余量。

3.3.2 门、窗的插入

在 Revit 2018 中，门、窗的插入快捷了许多。插入门、窗时不再需要复杂定位，只需要放置在墙上大致的位置。然后，通过修改临时尺寸线的数据来修改门、窗的位置，以便于门、窗的精确定位。

门、窗的插入

1. 门的插入

1）单击"建筑"选项卡"构建"选项组中的"门"按钮，弹出"修改|放置 门"选项卡，如图 3.3.1 所示。

图 3.3.1　"修改|放置 门"选项卡

2）单击"模式"选项组中的"载入族"按钮，弹出"载入族"对话框，如图 3.3.2 所示。

图 3.3.2　"载入族"对话框

3）选择"建筑"文件夹中的"门"文件夹，如图 3.3.3 所示，然后根据需要来选择适当的样式即可。

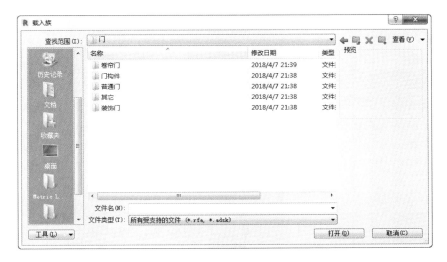

图 3.3.3 不同种类的门构件

4）选择"普通门"→"平开门"→"单扇"→"单嵌板木门 1"选项，如图 3.3.4 所示。

图 3.3.4 门的样式

5）当选择满足要求的门样式后，单击"打开"按钮会弹出门的"属性"窗格，如图 3.3.5 所示。

6）在"属性"窗格中，需要调整一些门的基本属性，如底高度、顶高度等。当门的相应的属性设置调整完毕后，将光标移动到视图的墙上会出现如图 3.3.6 所示的操作界面。

7）在这个界面中可以看到，界面上方是临时显示的尺寸标注线。当把门放置在墙体上时，可以通过临时尺寸标注线精准地将门放置到想要的位置上。例如，当需要将门固定到墙体右方 200mm 的位置上时，将右方的尺寸标注线上的数字改为 200 即可，如图 3.3.7 和图 3.3.8 所示。

当然，如果发现临时尺寸标注线并没有在所需要的位置处，则需要将临时尺寸标注线进行相应的调整，即将鼠标指针移到尺寸标注线的两端固定点（蓝色的圆心点）上，按住鼠标左键不放，拖动鼠标到所需要的位置处释放鼠标左键，即可完成尺寸标注线的定位。然后修改尺寸标注线上的数据即可，如图 3.3.9 和图 3.3.10 所示。

在修改标注线定位点的位置时，需要考虑墙厚是否在计算的距离中，有些时候，需要的距离并不是加上墙厚的距离。因此，在定位前进行相应的计算是有必要的。

插入门后发现门的内外及左右开门方向并不是我们想要的，此时并不需要将门删除重新画，只需要将门的方向进行略微的修改即可。

图 3.3.5　门的"属性"窗格

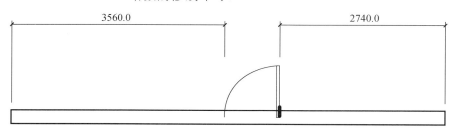

图 3.3.6　门的放置操作界面

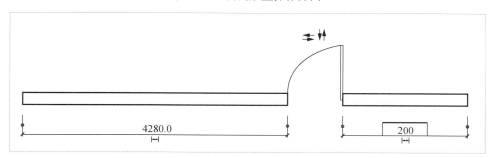

图 3.3.7　定位门（1）

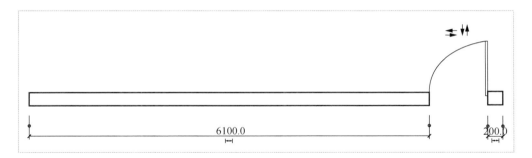

图 3.3.8　定位门（2）

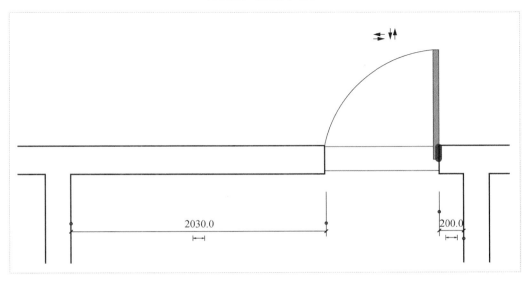

图 3.3.9　标注线定位点的修改（1）

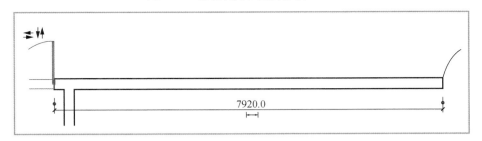

图 3.3.10　标注线定位点的修改（2）

　　1）单击需要修改的门，就会出现两组箭头，分别是一组上下的箭头和一组左右的箭头，如图 3.3.11 所示。

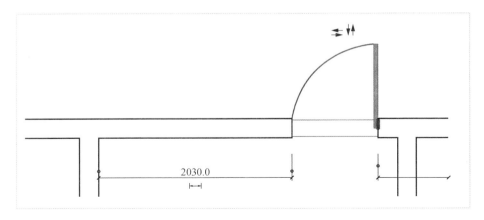

图 3.3.11　两组箭头

2）在门上方的两组箭头从左到右分别是修改左右开口方向的箭头和修改上下开口方向的箭头。单击左侧的箭头即可修改门的左右开口方向，结果如图 3.3.12 所示。

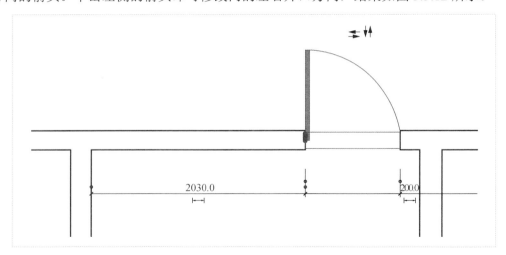

图 3.3.12　修改门的左右开口方向

3）单击图 3.3.11 中的两组箭头中右侧的一组箭头即可修改门的上下开口方向，结果如图 3.3.13 所示。

2. 窗的插入

类似地，窗的插入与门的插入有异曲同工之妙。在插入窗时，需要了解的是窗的内开窗和外开窗的区别。修改内外窗时，只需要单击修改窗户内外开窗的箭头即可，如图 3.3.14 所示。

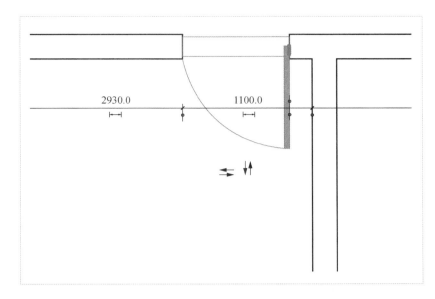

图 3.3.13 修改门的上下开口方向

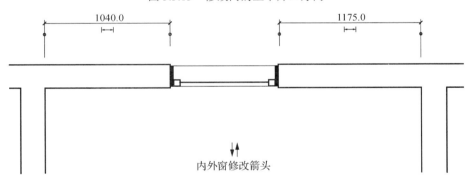

图 3.3.14 内外开窗修改箭头

对于窗户的定位依旧可以按照修改门位置的方式来完成,如直接放置到准确位置,或者修改临时尺寸标注来完成窗户的定位。

另外,在玻璃幕墙中插入门、窗时,只需要在载入门、窗族文件时选择可以支持插入玻璃幕墙的门、窗族构件即可。

3.3.3 门、窗属性的修改

修改门、窗可以像修改墙体一样,在门、窗"属性"窗格中进行一些简单修改,但如果想要修改门、窗构件本身的特征及属性,则需要对门、窗进行进一步的修改。

门、窗属性的修改

单击需要修改的门构件并激活"属性"窗格,然后单击"属性"窗格的右上方的"编

辑类型"按钮,弹出"类型属性"对话框,如图 3.3.15 所示。

在该"类型属性"对话框中,可以修改门的约束、构造、材质和装饰、尺寸标注、分析属性、标识数据、IFC 参数及其他属性。需要注意的是,当修改门的属性时,一定要先复制并重命名原构件再进行修改,否则便会修改原有的族文件并赋予原有族文件新的定义,不方便下次的使用。

对于窗的属性设置,也做相应的处理,单击需要修改数据的窗并激活"属性"窗格,单击"属性"窗格右上方的"编辑类型"按钮,弹出"类型属性"对话框,如图 3.3.16 所示。

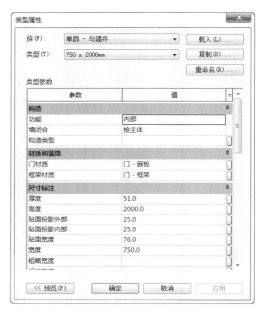 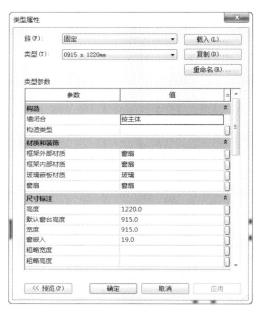

图 3.3.15　门的"类型属性"对话框　　　　图 3.3.16　窗的"类型属性"对话框

在该"类型属性"对话框中,可以修改窗的构造、材质和装饰、尺寸标注、分析属性、标识数据、IFC 参数等。

在修改这些构件的材质时,可以参考目标墙体的效果表达进行相应的修改,在此不再赘述。

3.4　"体量和场地"面板中的场地建模

3.4.1　创建地形表面

Revit 2018 中提供了"地形表面"工具,以帮助我们完成地形表面的绘制,单击"体量和场地"选项卡"场地建模"选项组中的"地形表面"

创建地形表面

按钮，如图 3.4.1 所示。弹出"修改|编辑表面"选项卡，如图 3.4.2 所示。

图 3.4.1　"地形表面"按钮

图 3.4.2　"修改|编辑表面"选项卡

在"修改|编辑表面"选项卡中提供了两种绘制地形表面的方式，分别为"放置点"和"通过导入创建"，而在"通过导入创建"下拉列表中又有"选择导入实例"和"指定点文件"两种绘制方式。

本节将利用"放置点"方式来完成地形表面的创建。

单击"放置点"按钮，将光标移动到平面视图中，选取放置点后，单击"修改|编辑表面"选项卡"表面"选项组中的"√"按钮完成绘制，打开三维视图观察所绘制的地形表面。具体绘制过程如图 3.4.3～图 3.4.6 所示。

图 3.4.3　创建地形表面（1）

本操作以演示为目的，在具体操作过程中，可以使用一些辅助线来确定所绘制的地形表面的具体位置从而完成地形表面的具体位置的确定。

需要注意的是，在绘制地形表面之前，需要考虑地形表面是否是基于水平面±0 的高度表面，如果存在低于或高于水平面的高度，则在绘制之前便应该设置偏移量，在绘制界面下方的"修改|编辑表面"栏中完成，如图 3.4.7 所示。

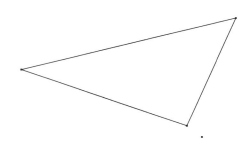

图 3.4.4　创建地形表面（2）

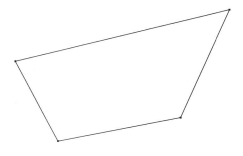

图 3.4.5　创建地形表面（3）

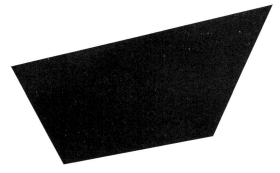

图 3.4.6　创建地形表面（4）

修改 | 编辑表面	高程 0.0	绝对高程　▼

图 3.4.7　修改偏移量

图 3.4.8　地形表面的"属性"窗格

在"修改|编辑表面"栏中的"高程"文本框中设置我们所需要的高程，如此在绘制地形表面时便不会出现地形表面与我们所需要的表面不相符的现象。

在地形表面创建完成后，可以根据我们的需要对地形表面进行相应的编辑，单击地形表面，即可弹出地形表面的"属性"窗格，如图 3.4.8 所示。

在"属性"窗格中可以修改地形的材质、标识数据等。单击"材质"右侧的"按类别"按钮，弹出材质浏览器，如图 3.4.9 所示。

在地形的材质浏览器中，检索到需要的材质，如赋予其草地、沥青、土壤等材质，选择相应的材质后单击"确定"按钮完成材质的编辑修改，最终完成地形表面的编辑。

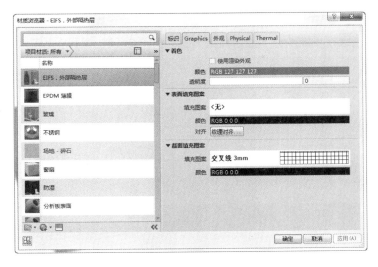

图 3.4.9　地形的材质浏览器

3.4.2　子面域的绘制与修改

子面域是 Revit 2018 提供的将地形表面划分为不同的区域的一种工具。它与拆分表面的区别在于：拆分表面画在场地上时，它是把场地切割出来了一块，删掉这块场地，场地是有缺口的；而子面域是在场地上割出来一块可以改变材质的场地，把它删掉之后，场地是没有缺口的，还是恢复为原来的场地材质。因此，我们一般更倾向于使用子面域来创建不同的表面场景。单击"体量和场地"选项卡"修改场地"选项组中的"子面域"按钮，如图 3.4.10 所示。弹出"修改|创建子面域边界"选项卡，如图 3.4.11 所示。

子面域的绘制与修改

图 3.4.10　"子面域"按钮

图 3.4.11　"修改|创建子面域边界"选项卡

在"修改|创建子面域边界"选项卡中，单击"绘制"选项组中的"直线"按钮，然后将光标移动到场地中的地形表面中的起始位置处单击，并框选需要的区域，框选完成

一个闭合的形状后单击"修改|创建子面域边界"选项卡"模式"选项组中的"✓"按钮完成绘制，打开三维视图查看所绘制的地形表面子面域区域。具体绘制过程如图 3.4.12～图 3.4.15 所示。

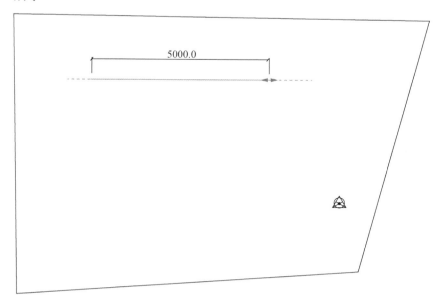

图 3.4.12　绘制子面域（1）

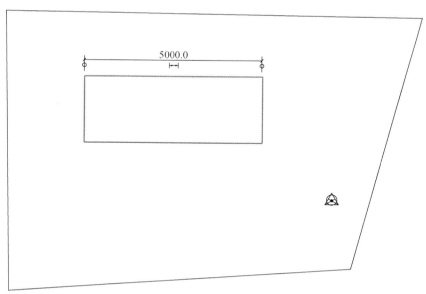

图 3.4.13　绘制子面域（2）

图 3.4.14　绘制子面域（3）

　　绘制完子面域后，还可以对子面域进行相应的修改，单击所绘制的子面域，弹出"属性"窗格，如图 3.4.16 所示。

图 3.4.15　绘制子面域（4）　　　　　　　　图 3.4.16　子面域的"属性"窗格

　　在子面域的"属性"窗格中，主要需要修改子面域的材质。单击"材质"右侧的"按类别"按钮，弹出材质浏览器，在材质浏览器中搜索所需要的材质，本节示例中定义子面域为沥青材质，在材质浏览器中搜寻沥青材质，如图 3.4.17 所示。

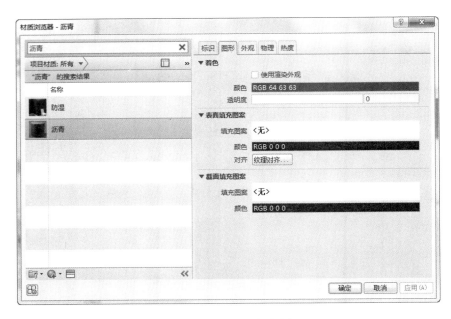

图 3.4.17　子面域材质选择

选择完沥青材质后，单击"确定"按钮，完成对沥青材质的选择，之后，打开三维模式，观察子面域的材质与场地材质的对比效果，如图 3.4.18 所示。

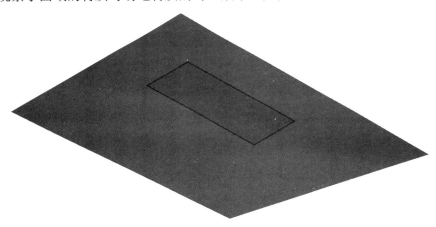

图 3.4.18　子面域材质与场地材质的效果对比

注意：子面域的区域分界是不能重合的，也就是不同的子面域中间是不能存在交叉或重合线的，否则不能成功创建子面域。

3.4.3　放置场地构件

放置场地构件

Revit 2018 提供了一种场地构件，单击"体量和场地"选项卡"场地建模"选项组中的"场地构件"按钮，如图 3.4.19 所示。弹出"修改|场地构件"选项卡，如图 3.4.20 所示。

图 3.4.19　"场地构件"按钮

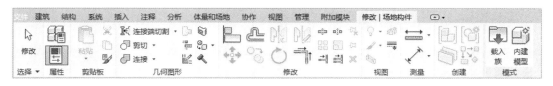

图 3.4.20　"修改|场地构件"选项卡

在放置构件前要先载入我们所需要的场地构件，单击"修改|场地构件"选项卡"模式"选项组中的"载入族"按钮，弹出"载入族"对话框，在"载入族"对话框中依次打开"建筑"→"场地"文件夹，如图 3.4.21 所示。

图 3.4.21　"场地"文件夹

在"场地"文件夹中可以看到族库中包含"附属设施""公用设施""后勤设施""体育设施""停车"5 个构件文件夹。我们先选用附属设施文件夹中的"景观小品"文件夹，打开后如图 3.4.22 所示。

图 3.4.22　"景观小品"文件夹

选择"景观灯柱"构件，单击"打开"按钮载入项目族文件中，然后在地形表面上开始添加构件，即将光标移动到地形表面中所需要添加的位置单击，完成放置，完成后打开三维视图观察放置效果。具体操作如图 3.4.23 和图 3.4.24 所示。

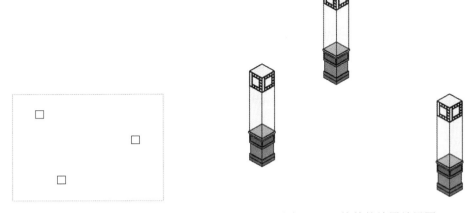

图 3.4.23　放置构件　　　　　　　　图 3.4.24　构件的放置效果图

3.5 族 的 应 用

3.5.1 族的定义

Revit 2018 中的所有图元都是基于族来创建的。族是 Revit 中使用的一个功能强大的概念，有助于用户更轻松地管理和修改数据。每个族图元能够在其内定义多种类型，根据族创建者的设计，每种类型可以具有不同的尺寸、形状、材质设置或其他参数变量。使用 Revit 的一个优点是不必学习复杂的编程语言便能够创建自己的构件族。使用族编辑器，整个族创建过程在预定义的样板中执行，可以根据用户的需要在族中加入各种参数，如距离、材质、可见性等。可以使用族编辑器创建现实生活中的建筑构件和图形。

Revit 2018 有 3 种族类型，分别为系统族、标准构件族和内建族。

1）系统族：系统族是在 Revit 中预定义的族，包含基本建筑构件，如墙、窗和门。基本墙系统族包含定义内墙、外墙、基础墙、常规墙和隔断墙样式的墙类型。现有系统族是可以复制和修改的，但不能创建新系统族。可以通过指定新参数定义新的族类型。

2）标准构件族：在默认情况下，标准构件族存储在构件库中。使用族编辑器创建和修改构件可以复制和修改现有构件族，也可以根据各种族样板创建新的构件族。族样板可以是基于主体的样板，也可以是独立的样板，族样板有助于创建和操作构件族。基于主体的族包括需要主体的构件，如以墙族为主体的门族。独立族包括柱、树和家具。标准构件族可以位于项目环境外，扩展名为.rfa。可以将标准构件族载入项目，从一个项目传递到另一个项目，还可以将其从项目文件保存到族库中。

3）内建族：内建族可以是特定项目中的模型构件，也可以是注释构件。只能在当前项目中创建内建族，因此其仅可用于该项目特定的对象，如自定义墙的处理。创建内建族时，可以选择类别，所使用的类别将决定构件在项目中的外观和显示控制。

3.5.2 族的使用

1. 将族添加到项目中

打开或创建一个项目，可以将族拖动到文档窗口中将其添加到项目中，也可以使用"插入"选项卡"从库中载入"选项组中的"载入族"按钮将其载入项目中，如图 3.5.1 所示。一旦族载入项目中，载入的族会与项目一起保存。所有族将在项目浏览器中各自的构件类别下列出。执行项目时无须原始族文件，可以将原始族保存到常用的文件夹中。但是，如果修改了原始族，则需要将该族重新载入项目以查看更新后的族。

2. 创建标准构件族的常规步骤

1）选择适当的族样板。单击软件左上角的"文件"按钮，在弹出的下拉列表中选择"新

建"→"族"选项，弹出"新族-选择样板文件"对话框，如图 3.5.2 所示。在该对话框中
选择合适的样板文件，一般选择"公制常规模型"选项，然后单击"打开"按钮即可。

图 3.5.1   "载入族"按钮

图 3.5.2   选择族样板

2）绘制参照平面。布局有助于绘制构件几何图形的参照平面，单击"创建"选项
卡"基准"选项组中的"参照平面"按钮，如图 3.5.3 所示，然后即可在绘制区域中绘
制参照平面。

图 3.5.3   "参照平面"按钮

3）定义有助于控制对象可见性的族的子类别。单击"创建"选项卡"基准"选项
组中的"参照平面"按钮，在弹出的"放置 参照平面"选项卡"子类别"选项组中单
击"子类别"下拉按钮，在弹出的下拉列表中选择"创建新子类别"选项，在弹出的如
图 3.5.4 所示的"新建子类别"对话框中新建参照平面的子类别即可。

图 3.5.4　定义子类别

4）添加尺寸标注以指定参数化构件几何图形。选择"注释"
选项卡"尺寸标注"选项组中的尺寸标注工具，如图 3.5.5 所示。
使用图 3.5.5 所示的工具标注构件，经设置后可通过修改标注改
变构件尺寸。

图 3.5.5　添加尺寸标注

5）全部标注尺寸以创建类型或实例参数。步骤 1）～步骤 4）
完成之后，单击构件的尺寸标注，然后单击"修改|尺寸标注"选
项卡"标签尺寸标注"选项组中的"创建参数"按钮，如图 3.5.6 所示，在弹出的对话
框中修改"参数类型"和"参数数据"即可。

图 3.5.6　"创建参数"按钮

6）调整新模型以验证构件行为是否正确。拖动构件的边界线查看标注是否同时
改变。

7）通过指定不同的参数定义族类型。通过修改"参数数据"中的名称，如"长度"

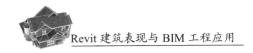

"宽度"等，可添加不同的标签，如图 3.5.7 所示。

图 3.5.7   指定参数

8）保存新定义的族，然后将其载入新项目中观察它如何运行。

3. 将类型添加到族中

在将族载入到项目中后，可从项目内部创建不同的族类型。

1）使用项目浏览器将类型添加到族中。

2）在项目浏览器中，展开"族"。

3）执行下列任意一个操作。

① 选择族右击，在弹出的快捷菜单中选择"新建类型"选项，如图 3.5.8 所示。

② 选择某个类型右击，在弹出的快捷菜单中选择"复制"选项，如图 3.5.9 所示。

图 3.5.8   新建类型

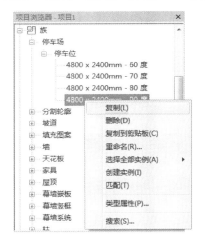

图 3.5.9   复制类型

4）为类型输入新名称。

5）选择该类型右击，在弹出的快捷菜单中选择"类型属性"选项。

6）在弹出的"类型属性"对话框中，输入新的参数值，然后单击"确定"按钮。

要根据项目中的图元来创建族类型，可参见在项目中创建新的族类型的方法。

4．导入族类型

将标准格式的族类型文件中的类型导入当前族中。导入文本文件的源族必须与要导入的目标族类别相同，如不能将门类型的文本文件导入窗族中。如果现有文件中的类型与导入文件中的类型具有相同名称，系统将提示选择覆盖或保留现有的类型。

1）单击"插入"选项卡 "从库中载入"选项组中的"载入族"按钮，在弹出的"载入族"对话框中，定位到要导入的族类型文件的文件夹，如图 3.5.10 所示。

图 3.5.10　"载入族"对话框

2）选择所需的文件，然后单击"打开"按钮。若现有族具有已定义的类型，则将弹出"导入族类型-类型已存在"对话框。

如果出现提示，请选择下列选项之一，或单击"取消"按钮停止导入过程。

① 删除现有族类型并导入新类型。族中所有的现有类型将被删除，导入文件中的所有类型都将添加到族中。

② 导入所有新类型并覆盖现有类型。与导入文件中的类型具有相同名称的现有族中的类型都将被覆盖，新类型从导入文件添加到族中。

③ 保留现有类型，仅导入新的类型。保留所有现有类型，新类型从导入文件添加到族中。导入文件中与现有类型具有相同名称的类型都不会被导入。

5．查看项目中具有特定族类型的图元

可以高亮显示视图中或整个项目中使用特定族类型的所有图元。

1）打开项目视图，在项目浏览器中，展开"族"，如图 3.5.11 所示。

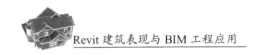

2）展开构件类别和包含所选择类型的族，如图 3.5.12 所示。

图 3.5.11　展开"族"　　　　　　　　　　图 3.5.12　选择族类型

3）选择所需的类型右击，在弹出的快捷菜单中选择"选择全部实例"→"在整个项目中"选项或"选择全部实例"→"在视图中可见"选项，如图 3.5.13 所示。

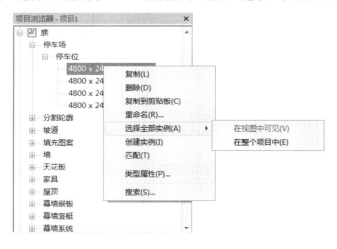

图 3.5.13　选择全部实例

注意：如果当前项目中不包含任何使用该族类型的图元，则"选择全部实例"选项不可用。

4）视图中所有使用该族类型的图元都会高亮显示，且 Revit 窗口的右下角显示了项目中选定图元的个数，如图 3.5.14 所示。

图 3.5.14　选定图元的个数

5）如果要查看整个项目中的所有实例，可打开三维视图查看；使用该族类型的所有图元都会高亮显示，按 Esc 键恢复图元的初始显示状态。

6. 修改族类型

可以在项目浏览器中查看族类型的属性，也可以通过单击当前项目中使用的该类型的图元进行查看。

1）执行下列操作之一即可弹出"类型属性"对话框。

① 在项目浏览器中的"族"下的族类型上右击，在弹出的快捷菜单中选择"类型属性"选项，如图 3.5.15 所示。

② 在项目中选择一个图元，在其"属性"窗格中单击"编辑类型"按钮，如图 3.5.16 所示。

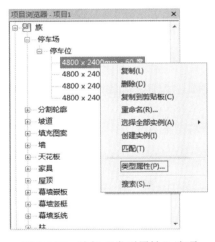

图 3.5.15　选择"类型属性"选项

图 3.5.16　"编辑类型"按钮

2）在弹出的"类型属性"对话框中，如图 3.5.17 所示，可根据需要修改参数值；显示的参数会根据正在修改的族类型的不同而异；如果需要，则在右上角单击"重命名"按钮，然后在弹出的"重命名"对话框中输入新名称；单击"确定"按钮关闭"类型属性"对话框。

图 3.5.17 "类型属性"对话框

如果要修改项目中的族类型，则项目中相同族类型的图元的所有实例都会随之更新，以反映所做的修改。

3.6 渲染功能概述

3.6.1 渲染基础介绍

大部分的建筑模型在创建完成后，会开始渲染工作来展示效果逼真的建筑模型，也方便设计师直观地找出并解决问题。在 Revit 2018 中，渲染大致分为 3 个步骤，分别为材质选择、渲染设置、开始渲染。

材质选择

3.6.2 材质选择

在渲染之前，我们要对所需要渲染的物体进行材质的选择，本节示例为对一面墙进行材质的选择并开始渲染。

1）单击所需要替换材质的物体，即单击墙体选中并弹出"属性"窗格，单击"编辑类型"按钮，在弹出的"类型属性"对话框中，再次单击"结构"选择组中的"编辑"按钮，弹出"编辑部件"对话框，如图 3.6.1 所示。在"编辑部件"对话框中，可以设置结构的一些属性，本节只需要改变"结构"中的材质即可。

2）在"编辑部件"对话框中的结构栏内，单击"结构[1]"右侧的"按类别"按钮，弹出材质浏览器，如图 3.6.2 所示。

图 3.6.1　"编辑部件"对话框

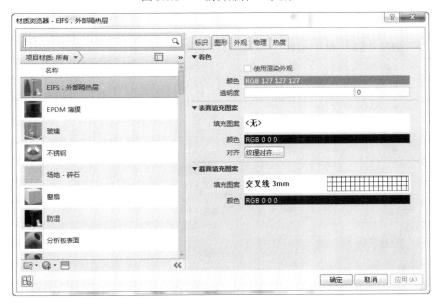

图 3.6.2　材质浏览器

3）在材质浏览器中，可以在"项目"文本框中输入材质名称，然后搜索所需要的材质，本节我们需要寻找灰石色的金属漆，在材质浏览器中发现并没有寻找到该色系。因此，我们需要在材质库扩展中寻找材质。但在选中新材质之前需要先进行新材质的创建。单击材质浏览器下方的"新建材质"下拉按钮，如图 3.6.3 所示。

图 3.6.3　新建材质

4）在弹出的下拉列表中选择"新建材质"选项，便会在材质浏览项中新建一种材质。然后需要对新材质重命名，即在所创建的材质上右击，在弹出的快捷菜单中选择"重命名"选项，如图 3.6.4 所示，然后输入材质的新名称即可。

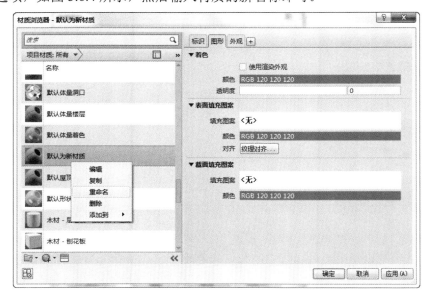

图 3.6.4　重命名材质

5）重命名之后，需要打开材质扩展库，即单击材质浏览器左下角的第三个按钮，如图 3.6.5 所示，即可打开材质扩展库。

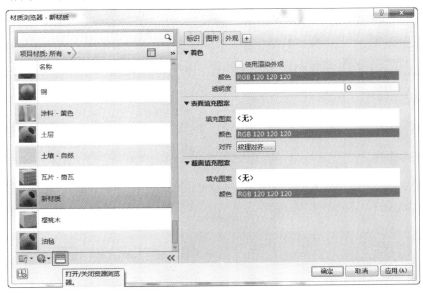

图 3.6.5　材质扩展库按钮

6）打开材质扩展库后，在右侧资源浏览器中寻找所需要的材质，可以直接搜索，也可以在分类中搜索，如依次打开"外观库"→"金属漆"→"灰石色"，如图 3.6.6 所示。

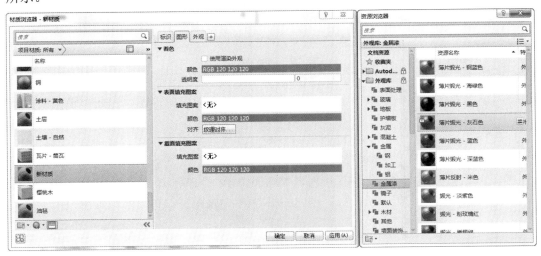

图 3.6.6　选择材质

7）找到材质后，双击为新建的材质赋予属性，之后可以根据需要对材质的标识、图形、外观等进行相应的修改。再精细点我们还可以将材质的物理和热量的属性进行相应的编辑，单击"外观"选项卡右侧的"+"按钮，弹出的下拉列表如图 3.6.7 所示，在下拉列表中可进行"物量"和"热量"的添加。

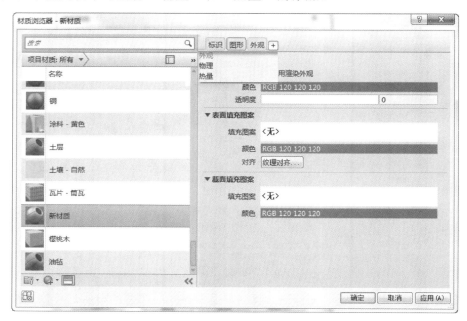

图 3.6.7 物理和材质的修改

图 3.6.8 选择材质后的效果

8）修改完成后，单击"确定"按钮完成材质的编辑，效果如图 3.6.8 所示。

3.6.3 渲染设置

首先，渲染需要我们有渲染的视图。因此，渲染的第一步便是设置相机视角创建渲染图。将视图平面打开到需要创建相机的平面视图上，然后单击"视图"选项卡"创建"选项组中的"三维视图"下拉按钮，在弹出的下拉列表中选择"相机"选项，如图 3.6.9 所示，打开创建相机界面。如图 3.6.10 所示，即为相机绘制工具。

渲染设置

利用相机绘制工具进行相机视角的选择。将相机工具移动到我们想要的角度观察点处，单击并将镜头向所需要绘制的方向拉伸。镜头由 3 根线组成，中间为焦点线，两边为视框线，操作时将镜头拉伸到我们所需要的视距即可，如图 3.6.11 所示。

将镜头拉伸到所需的视距后，单击即可完成相机的创建工作并弹出相机的视角图，如图 3.6.12 所示。

图 3.6.9　选择"相机"选项　　　　　图 3.6.10　相机绘制工具

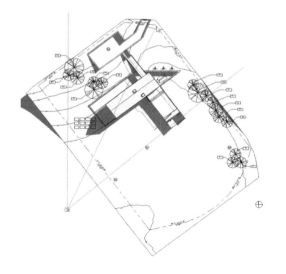

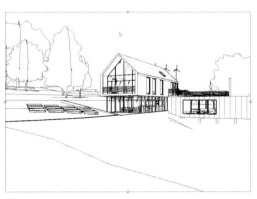

图 3.6.11　创建相机视角　　　　　图 3.6.12　相机视角图

如果对三维视角图不是很满意，可以直接在视角图中通过四周的 4 个点进行区域的框选设定。

每个相机的显示图都会在项目中储存，其查找操作需要在项目浏览器中进行，一般情况下，项目所拍摄的相机图都会在三维视图中储存，如图 3.6.13 所示。

图 3.6.13　视图的储存

3.6.4　开始渲染

当渲染图设置完成后，便可以开始设置渲染数据。打开需要的三维视图，单击"视图"选项卡"演示视图"选项组中的"渲染"按钮，如图 3.6.14 所示。

开始渲染

图 3.6.14　"渲染"按钮

在弹出的"渲染"对话框中，需要对渲染数据进行设置。选中"区域"复选框的目的是在渲染图中选定一个区域来完成渲染；"质量"→"设置"下拉列表中有多种规格选项，一般选择高质量来渲染我们的效果图；"输出设置"→"分辨率"中有"屏幕"和"打印机"两种设置，一般情况下选择"打印机"选项，在其下拉列表中有多种 DPI 选项可供选择，此选项需要考虑计算机的配置等因素，一般来说，考虑计算机负荷等因素我们会选择 150～300DPI 的分辨率；"照明""背景"等选项需要我们根据自己的需求来完成选择。本节选择"室外：仅日光"选项和"天空：少云"选项来完成渲染。

最终设置如下："质量"选择"高"选项、"分辨率"选择"打印机 150 DPI"选项、"照明"选择"室外：仅日光"选项、"背景"选择"天空：少云"选项，如图 3.6.15 所示。

图 3.6.15 渲染参数的设置

　　设置完成后，单击"渲染"对话框中的"渲染"按钮即可开始渲染，并弹出如图 3.6.16 所示的"渲染进度"对话框。

　　"渲染进度"对话框是显示渲染进度的一个对话框，在渲染进度完成，达到 100%后，会弹出如图 3.6.17 所示的"渲染"对话框。

图 3.6.16 "渲染进度"对话框　　图 3.6.17 渲染完成后的对话框

在渲染完成后，我们需要导出图片。单击图 3.6.17 中的"导出"按钮，弹出"保存图像"对话框，如图 3.6.18 所示。

图 3.6.18　导出图片

选择所需要保存的位置后，单击"保存"按钮即可。导出后，打开效果图文件，如图 3.6.19 所示。

图 3.6.19　渲染图

查看后回到 Revit 2018 界面中，由我们自己来决定是否保存到项目中，如果需要保存到项目中，则单击图 3.6.17 中的"保存到项目中"按钮，即可完成渲染图在项目中的保存。其位置在项目浏览器的"渲染"文件夹，如图 3.6.20 所示。

图 3.6.20　项目中的渲染图

3.6.5　渲染的配置及要求

1.　材质对渲染性能的影响

渲染可模拟该材质的各种效果,如反射和纹理等各种效果。使用材质浏览器可以为每种材质指定渲染外观。

在渲染物体的材质时,渲染性能取决于模拟的效果是否精细。事实上,与建筑模型中的复杂的几何图形相比,材质的复杂渲染外观可能更会减慢渲染进程。

2.　准备使用 Revit 渲染工具渲染图像时应考虑的事项

1)颜色和填充图案如何影响渲染性能。颜色或填充图案的复杂性和大小会影响渲染速度。更加复杂的填充图像要求渲染引擎计算更多的样本,这样它才能捕捉到细节。渲染引擎在识别相似的表面处理区域并估计大型同质区域上的外观方面的性能卓越。

例如,与平滑的有填充图案的表面相比,平滑的单色表面渲染起来会更快;与密实的、复杂的填充图案相比,大型填充图案渲染起来会更快;与简单的表面相比,详细的、有孔的表面渲染起来会更慢。

需要最长的渲染时间的材质渲染外观有(从较慢到最慢)金属漆、有斑点的金属、铸打成的金属、水、磨砂玻璃和有孔的金属。这些材质的较慢的渲染时间与它们所涵盖的场景的多少成正比。

使用从草图到中等质量的设置时,复杂的材质显示许多伪影(渲染图像中稍微不准

确或不完美的部分）。不完美的反射材质（如木地板和金属竖梃）会显示有斑点。通过调整"漫反射精确度"值可以改善这些问题。

要改善有填充图案的表面和侧轮廓的外观而不显著增加渲染时间，则可调整"图像精确度（反失真）"值。要生成具有较小的照明深度和明快的几何图形的图像，则可使用草图质量设置一个很高的"图像精确度（反失真）"值。

2）反射类型如何影响渲染性能。材质的渲染外观指定其反射率，Revit 可以快速地渲染无光反射。但是，引起视觉扭曲的任何材质特性（如漫反射或透明度）需要更多的渲染工作，因此需要更多的渲染时间。

与无光反射相比，有光泽的反射和镜反射渲染起来稍微更难一些；与平滑的、有光泽的表面相比，烧结的表面渲染起来会更难；与玻璃相比，水渲染起来会更难；与磨光的金属相比，有绿锈的金属或具有铸打成的表面的金属渲染起来会更难。

漫反射最难计算，但是可以控制漫反射的质量来减少对渲染性能的影响（使用"反射"选项和"透明度"选项）。

3）折射和反射如何影响渲染性能。折射材质（如玻璃）通常也包含反射。因此，与其他材质相比，这些材质渲染起来更昂贵（在时间和资源方面）。另外，玻璃的平均嵌板有两层（或面），并要求多层的折射。渲染图像时，必须计算所有层，这样才能从玻璃看过去。例如，需要至少 6 次折射才能看穿实心玻璃的 3 个嵌板。

渲染图像时，可以在"渲染质量设置"对话框中修改"反射"和"透明度"，也可以指定从反射表面的反射次数（反射的最大数目）和折射的玻璃层数（折射的最大数目）。通常，设置越高，渲染时间越长。漫折射会进一步增加渲染时间。

4）指定光源和材料精度及渲染持续时间。选择 Autodesk 光线跟踪器作为渲染引擎时，提供这些自定义渲染设置。

在"渲染"对话框的"质量"选项组中，"设置"选择为"编辑"选项，并弹出"渲染质量设置"对话框。对于"质量设置"，选择要用作自定义设置起点的预定义设置，然后单击"复制到自定义"按钮。有关灯光和材料精度，选择以下选项之一。

① 简化-近似材质和阴影。模拟照明和材质，阴影缺少细节，此设置适于绘图或预览渲染。

② 高级-精确材质和阴影。照明和材质都很精确。以高质量水平渲染半粗糙材质的软性阴影和柔和反射，此设置适于高质量渲染。

对于渲染持续时间，选择下列选项之一。

① 按级别渲染。拖动滑块控件，或输入 1～40 的级别值。级别值越高，渲染时间越长。

② 按时间渲染。以分钟为单位指定时间数量以渲染图像。在时间受限或具有特定最后期限时，此设置非常有用。该图像将逐渐被渲染，直到用户单击"停止"按钮为止。

第4章

案例分析

本章是一个简单住宅的建筑模型设计案例。为方便读者复习前面所学的内容，在模型的创建中，我们依次从轴网、标高、墙、柱、梁、门、窗及楼板、场地等方面进行阐述。

4.1　新建项目

1）启动 Revit 2018，界面如图 4.1.1 所示。

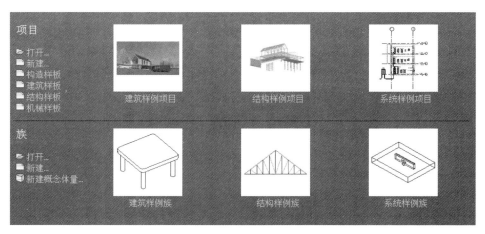

图 4.1.1　Revit 2018 界面

2）单击"新建"按钮，弹出"新建项目"对话框，单击"样板文件"下拉按钮，在弹出的下拉列表中选择"建筑样板"选项，单击"确定"按钮创建项目样板，如图 4.1.2 所示。

图 4.1.2　新建"建筑样板"

4.2　绘制轴网和添加标高

在绘制中，轴网的绘制要求为横轴和竖轴各 4 根，横轴间距为 7200mm、竖轴间距为 6000mm；标高的绘制要求是楼层为 2、层高为 2900mm、女儿墙为 900mm、室外标高为-450mm。

4.2.1　绘制轴网

1）单击"建筑"选项卡"基准"选项组中的"轴网"按钮，如图 4.2.1 所示。弹出的"修改|放置　轴网"选项卡如图 4.2.2 所示。

图 4.2.1　"轴网"按钮

图 4.2.2　"修改|放置　轴网"选项卡

2）单击"绘制"选项组中的"直线"按钮，弹出"属性"窗格，单击"属性"窗格中的"编辑类型"按钮，在弹出的"类型属性"对话框中单击"类型"下拉按钮，在弹出的下拉列表中选择"6.5mm 编号"轴线，如图 4.2.3 所示，单击"确定"按钮开始绘制。

3）将光标移动到绘制界面中的起始位置单击，按住鼠标左键并向下方拖动，待长度适中后释放鼠标左键完成 1 号轴线的绘制，如图 4.2.4 所示。

图 4.2.3 修改轴线样式

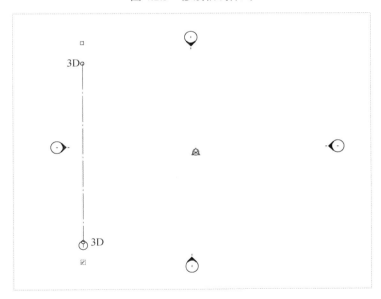

图 4.2.4 绘制 1 号轴线

4）绘制完 1 号轴线后，利用阵列的方法绘制其余的 3 根轴线。单击"修改"选项卡中的"阵列"按钮启动阵列绘制，单击 1 号轴线，按 Space 键确定。再次单击 1 号轴线按住鼠标左键并向右拖动一段距离，输入间距值 7200（默认为 mm），按 Enter 键确定。然后输入阵列数量 4，按 Enter 键确定，完成 1 号轴线的阵列绘制。具体绘制过程如图 4.2.5～图 4.2.8 所示（本次所绘制的轴线为阵列绘制，其余的绘制方式如复制绘制或锁定单一轴线绘制的方法同样适用）。

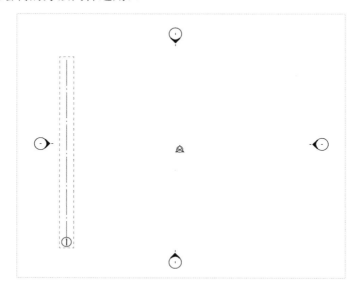

图 4.2.5　阵列 1 号轴线（1）

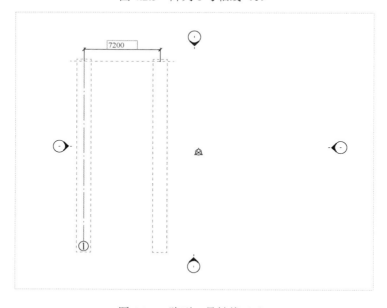

图 4.2.6　阵列 1 号轴线（2）

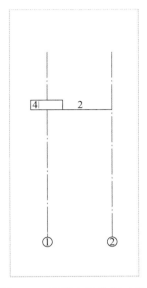

图 4.2.7　阵列 1 号轴线（3）

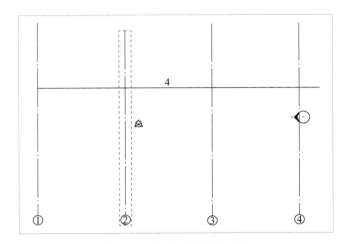

图 4.2.8　阵列 1 号轴线（4）

5）竖向的 4 根轴线绘制完成后，需要绘制横向的轴线 A。使用同样的方法，用"直线"按钮来绘制横向的轴线。将光标移动到起始点处单击，按住鼠标左键并向右拖动，待拖动合适距离后释放鼠标左键即可完成绘制。绘制完成后会发现轴线标号为 5，双击轴号，在弹出的输入框中输入"A"，再次单击界面中的空白位置确定修改项，即可完成A 号轴线的绘制。具体绘制过程如图 4.2.9～图 4.2.11 所示。

6）绘制完 A 号轴线后，使用同样的方法阵列 A 号轴线，间距为 6000mm、数量为4 根，完成阵列后如图 4.2.12 所示。

7）绘制完成轴网之后，为防止在绘制模型时轴网被错误地移动或修改，需要将轴网锁定。单击将轴网全选，全选完成后在"修改|选择多个"选项卡中单击"锁定"按钮，如图 4.2.13 所示。

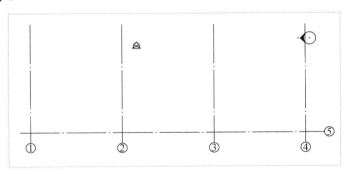

图 4.2.9　绘制 A 号轴线（1）

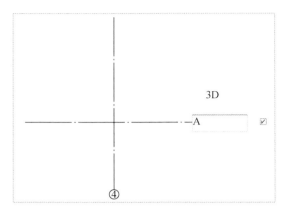

图 4.2.10　绘制 A 号轴线（2）

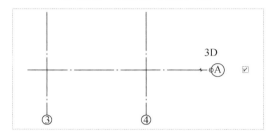

图 4.2.11　绘制 A 号轴线（3）

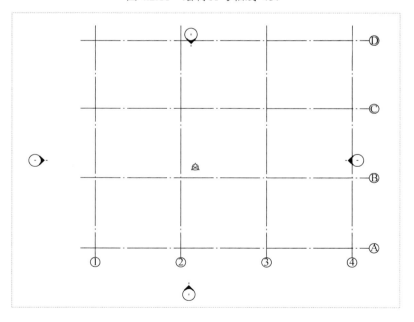

图 4.2.12　完成轴网的绘制

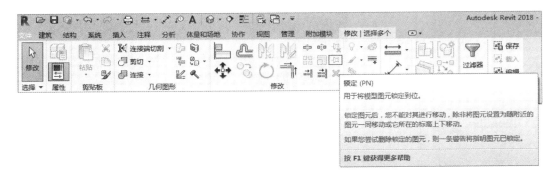

图 4.2.13 "锁定" 按钮

8）单击"锁定"按钮后，轴网将不会因误操作之类的原因而移动。完成锁定后的效果如图 4.2.14 所示。

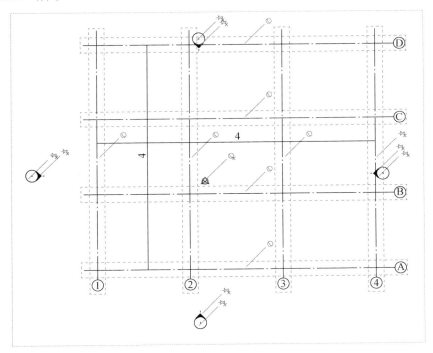

图 4.2.14 完成锁定后的效果

注意：在轴网的绘制中，我们可以根据需要将轴网的两边轴号全部打开或打开任意一边。

4.2.2　添加标高

1）绘制完轴网之后，在项目浏览器中打开"立面"浏览项中的"南"立面，如图 4.2.15 所示。

2）打开"南"立面视图后，会发现标高线的长度不够，因此需要修改标高线的长度。单击选中标高 1，单击右端的圆圈，按住鼠标左键并向右拖动，直至覆盖轴线，然后释放鼠标左键即可完成修改，如图 4.2.16 和图 4.2.17 所示。

3）修改完标高线的长度后，还需要修改标高的名称，双击标高 1 的名称，在弹出的标高名称修改框中输入 F1，然后单击界面中的空白位置确定修改，之后会弹出信息提示框询问是否重命名相应视图，单击"是"按钮完成标高名称的修改。具体操作如图 4.2.18～图 4.2.21 所示。

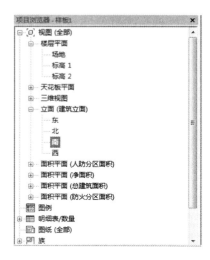

图 4.2.15　"南"立面

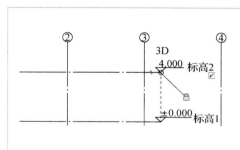

图 4.2.16　修改标高线长度（1）

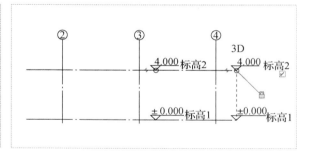

图 4.2.17　修改标高线长度（2）

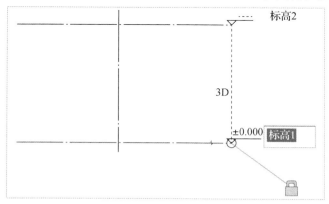

图 4.2.18　修改标高名称（1）

图 4.2.19 修改标高名称（2）

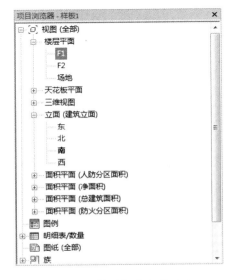

图 4.2.20 修改标高名称（3）

图 4.2.21 修改标高名称（4）

4）修改完 F1 的标高名称后，用同样的方法修改 F2 的名称，因为我们绘制的模型的层高为 2900mm，所以 F2 的高度应该为 2.9m，即需要将 F2 的高度修改为 2.9m。双击 F2 标高的高度数据，在弹出的输入数据框中输入 2.9，单击界面中的空白位置确定修改，完成高度的调整，最终效果如图 4.2.22 所示。

5）修改完原有标高后，还需要添加一个 F2 的层高屋顶的标高。单击"修改"选项卡"剪贴板"选项组中的"复制"按钮，然后单击 F2 标高后，按住鼠标左键并向上移动一段距离后，释放鼠标左键并在弹出的数据框中输入数据 2900，然后单击界面中的空白位置确定并完成 F3 的标高设置，如图 4.2.23 和图 4.2.24 所示。

6）用同样的方式，绘制标高为 900mm 的女儿墙，如图 4.2.25 所示。

7）用同样的绘制方式，绘制 450mm 的室外地坪标高，但复制 F1 的标高时会发现室外地坪标高的标头是正负标头，因此我们需要修改其标头。单击室外地坪标高线，

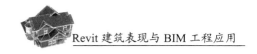

弹出"属性"窗格，然后选择族样式中的"下标头"选项即可。具体操作如图 4.2.26～图 4.2.28 所示。

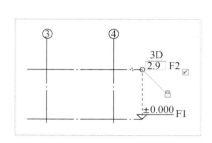

图 4.2.22　修改 F2 的高度

图 4.2.23　绘制 F3 标高（1）

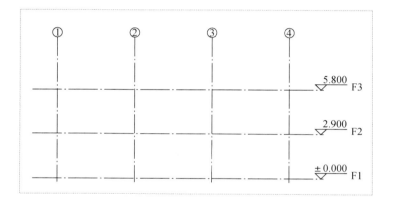

图 4.2.24　绘制 F3 标高（2）

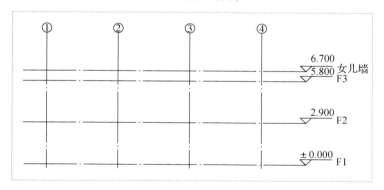

图 4.2.25　绘制女儿墙

8）绘制完标高后，发现在楼层平面中并没有我们所绘制的标高平面，这时需要手动添加所绘制的标高平面。单击"视图"选项卡中的"平面视图"下拉按钮，在弹出的下拉列表中选择"楼层平面"选项，弹出"新建楼层平面"对话框，在对话框中选择"F3""女儿墙""室外地坪"3 个标高平面，单击"确定"按钮完成添加楼层平面视图的操作，如图 4.2.29～图 4.2.31 所示。

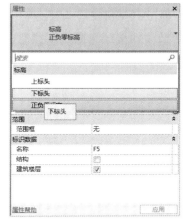

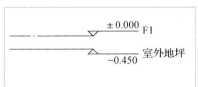

图 4.2.26　绘制室外地坪（1）　　图 4.2.27　绘制室外地坪（2）　　图 4.2.28　绘制室外地坪（3）

图 4.2.29　项目中添加楼层　　　图 4.2.30　项目中添加楼层　　　图 4.2.31　项目中添加楼层平面（3）
　　　平面（1）　　　　　　　　　　平面（2）

4.3 添加柱和梁

4.3.1 添加柱

1）结构柱需要在结构平面上放置，而建筑样板中是没有结构平面视图的，因此，需要手动添加楼层平面视图。和 4.2 节添加楼层平面视图类似，单击"视图"选项卡中的"平面视图"下拉按钮，在弹出的下拉列表中选择"结构平面"选项，在弹出的"新建结构平面"对话框中选择所有的标高楼层，单击"确定"按钮完成结构楼层平面视图的创建操作，如图 4.3.1 和图 4.3.2 所示。

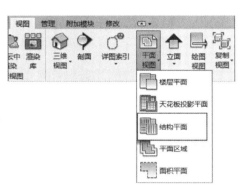

图 4.3.1 选择"结构平面"选项　　　　图 4.3.2 "新建结构平面"对话框

2）选择项目浏览器中的"楼层平面"中的"F1"楼层，准备放置柱子。单击"结构"选项卡"结构"选项组中的"柱"按钮，弹出"修改|放置 结构柱"选项卡，如图 4.3.3 所示。

图 4.3.3 "修改|放置 结构柱"选项卡

3）在"修改|放置 结构柱"选项卡中，单击"放置"选项组中的"垂直柱"按钮，再单击"载入族"按钮，弹出"载入族"对话框，如图 4.3.4 所示，依次打开"结构"→"柱"→"混凝土"文件夹，选中"混凝土"文件夹中的"混凝土-正方形-柱"类型柱，

如图 4.3.5 所示,单击"打开"按钮载入族柱。

图 4.3.4 选择柱族(1)

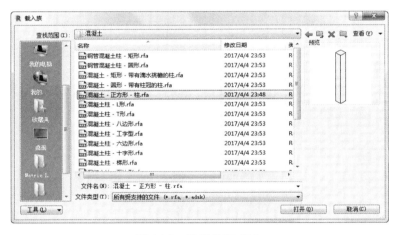

图 4.3.5 选择柱族(2)

4)载入柱族后,在放置柱前,需要添加一些属性。在功能区下方的属性栏中,将"深度"选项修改为"高度"选项,如图 4.3.6 所示。

5)修改完基本项后,将光标移动到 F1 平面视图中,在轴网的交点处单击放置柱子。按照图的要求依次放置结构柱,具体绘制过程如图 4.3.7 和图 4.3.8 所示。

6)放置完柱子后,我们需要对柱子的高度进行修正,右击柱网中的任意一根柱子,在弹出的快捷菜单中选择"选择全部实例"→"在视图中可见"选项,全选视图内所有的柱子。在左侧的"属性"窗格中,将修改柱子的属性:"底部标高"为室外地坪、"顶部标高"为 F3、"顶部偏移"为 0.0,单击"应用"按钮完成属性的修改。具体操作如图 4.3.9~图 4.3.12 所示。

图 4.3.6　修改基本项

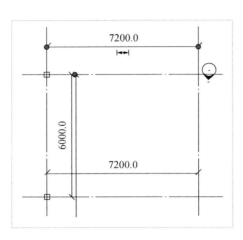

图 4.3.7　放置柱子（1）

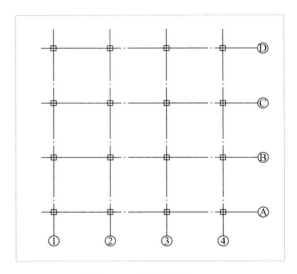

图 4.3.8　放置柱子（2）

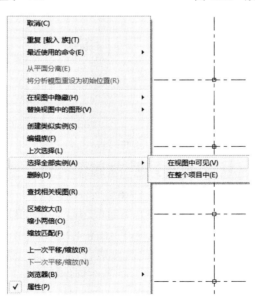

图 4.3.9　修改柱子属性（1）

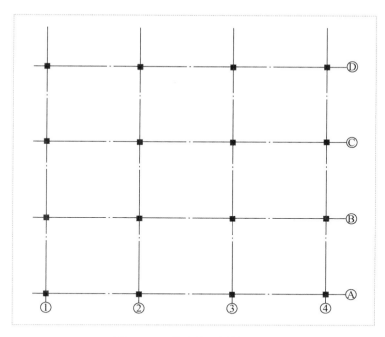

图 4.3.10　修改柱子属性（2）

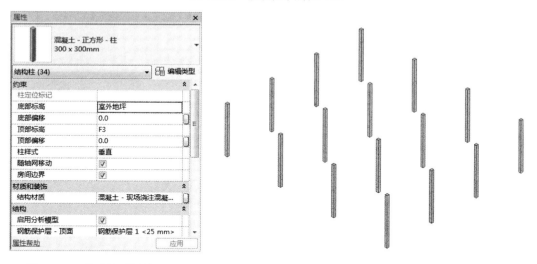

图 4.3.11　修改柱子属性（3）　　　　　图 4.3.12　修改柱子属性（4）

4.3.2　添加梁

1）打开结构平面 F1，单击"结构"选项卡"结构"选项组中的"梁"按钮，弹出"修改|放置 梁"选项卡，如图 4.3.13 所示。

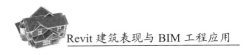

图 4.3.13   "修改|放置 梁"选项卡

2）在"修改|放置 梁"选项卡中，单击"模式"选项组中的"载入族"按钮，在弹出的"载入族"对话框中选择"结构"→"框架"→"预制混凝土"文件夹，在"预制混凝土"文件夹中选择"预制-矩形梁"族文件，如图 4.3.14 所示，单击"打开"按钮载入族文件。

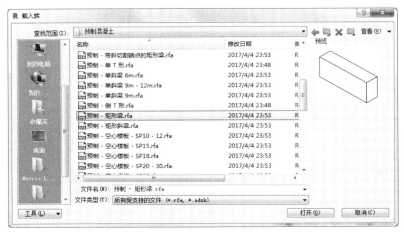

图 4.3.14　梁族的选择

3）选中梁族后，单击"修改|放置 梁"选项卡"绘制"选项组中的"直线"按钮，然后将光标移动到 F1 结构平面视图上的起始点单击，按住鼠标左键并向后拖动到适合距离后释放鼠标左键即可绘制所需的梁，然后按照此方法绘制所需要的其他梁。具体绘制过程如图 4.3.15～图 4.3.17 所示。

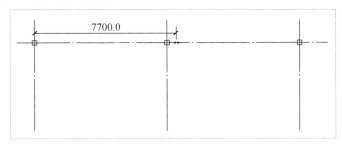

图 4.3.15　绘制梁（1）

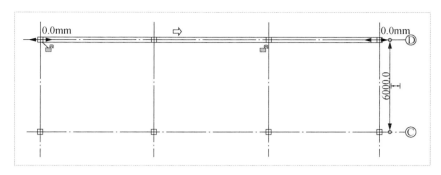

图 4.3.16　绘制梁（2）

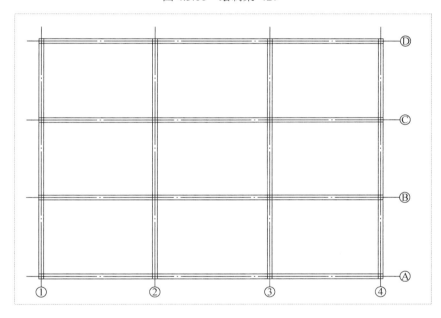

图 4.3.17　绘制梁（3）

4）根据建模需要，我们还需要在 F2、F3 结构平面上放置同样规格的梁组，因此，需要将梁复制到同样位置处的 F2、F3 楼层平面中。右击一根梁，在弹出的快捷菜单中选择"选择全部实例"→"在视图中可见"选项，全选这些梁，如图 4.3.18 所示。

5）在"修改|结构框架"选项组中，单击"剪贴板"中的"复制"按钮，如图 4.3.19 所示。

6）复制所有的梁到剪贴板中，再次单击"剪贴板"中的"粘贴"下拉按钮，在弹出的下拉列表中选择"与选定的标高对齐"选项，在弹出的"选择标高"对话框中选择"F2""F3"平面视图，单击"确定"按钮完成复制操作，如图 4.3.20 和图 4.3.21 所示。

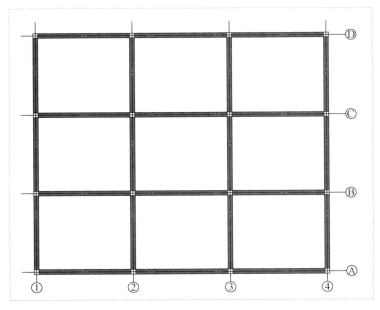

图 4.3.18　全选梁

图 4.3.19　"复制"按钮

图 4.3.20　"粘贴"下拉列表

图 4.3.21　"选择标高"对话框

7）粘贴完所有的梁后，打开 F2 的结构平面视图，查看梁是否全部对齐所有的轴网线，确认无误后打开 F3 的结构平面视图，全部检查无误后，打开三维模式观察梁网，如图 4.3.22 和图 4.3.23 所示。

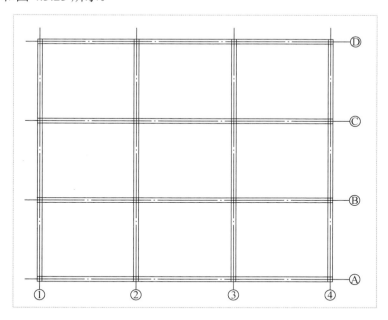

图 4.3.22　查看梁（1）

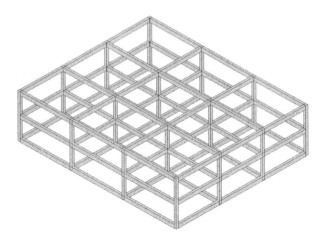

图 4.3.23　查看梁（2）

4.4　放置楼板和屋顶

4.4.1　放置楼板

1）打开楼层平面 F1，单击"建筑"选项卡"构建"选项组中的"楼板"下拉按钮，在弹出的下拉列表中选择"楼板:建筑"选项，如图 4.4.1 所示。

图 4.4.1　选择"楼板:建筑"选项

2）单击建筑楼板，在"属性"窗格中选择楼板的类型，单击"楼板"下拉按钮，在弹出的下拉列表中选择"常规-150mm-实心"楼板，如图 4.4.2 所示。

3）选择好楼板后，单击"修改|创建楼层边界"选项卡"绘制"选项组中的"直线"按钮，在 F1 平面视图中的轴网中开始绘制楼板，将光标移动到起始点位置单击，按住鼠标左键并向后方开始拖动，根据需要拖动一定的距离后释放鼠标左键。然后单击"修改|创建楼层边界"选项卡"模式"选项组中的"√"按钮完成楼板的绘制，打开三维模式，观察绘制的楼板。具体绘制过程如图 4.4.3～图 4.4.6 所示。

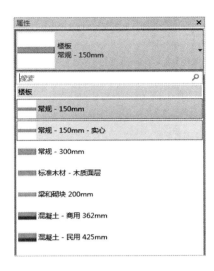

图 4.4.2 选择楼板类型

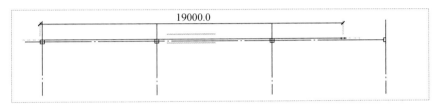

图 4.4.3 绘制楼板（1）

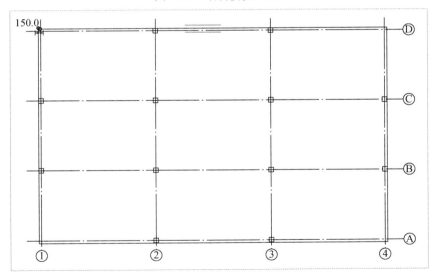

图 4.4.4 绘制楼板（2）

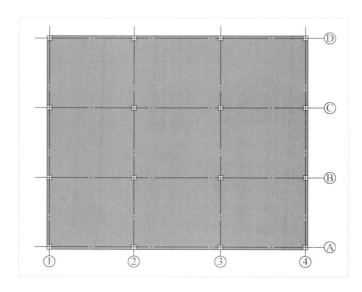

图 4.4.5　绘制楼板（3）

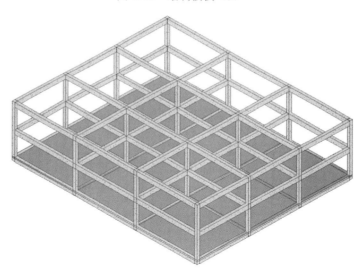

图 4.4.6　绘制楼板（4）

4）F2 楼层平面与 F1 的楼层平面一样，因此我们只需要使用"复制"按钮将 F1 的楼层平面按标高复制到 F2 的楼层平面中即可，具体方法参照 4.3 节梁的复制操作，此处不再赘述。复制完成后打开三维模式观察是否有错误，如图 4.4.7 所示。

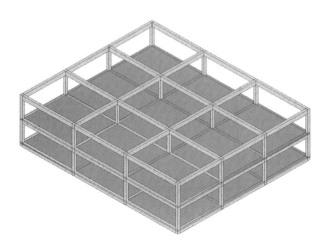

图 4.4.7　F2 的楼板

4.4.2　放置屋顶

1）打开 F3 楼层平面视图，单击"建筑"选项卡"构建"选项组中的"屋顶"下拉按钮，在弹出的下拉列表中选择"迹线屋顶"选项，弹出"修改|创建屋顶迹线"选项卡，如图 4.4.8 所示。

图 4.4.8　"修改|创建屋顶迹线"选项卡

2）单击"修改|创建屋顶迹线"选项卡"绘制"选项组中的"直线"按钮，在 F3 平面视图中开始绘制屋顶草图，绘制完成后单击"修改|创建屋顶迹线"选项卡"模式"选项组中的"√"按钮完成绘制，再打开三维视图检查绘制是否有错误。具体绘制过程如图 4.4.9～图 4.4.12 所示。

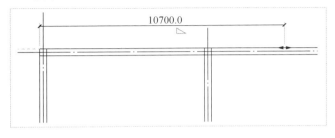

图 4.4.9　绘制屋顶（1）

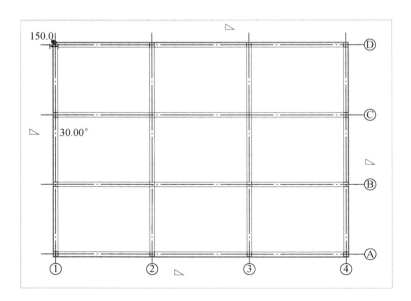

图 4.4.10　绘制屋顶（2）

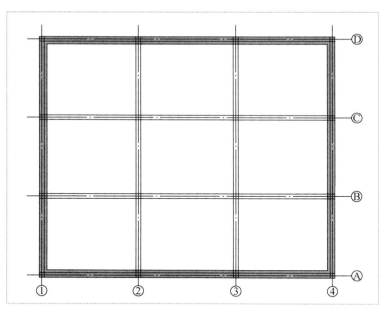

图 4.4.11　绘制屋顶（3）

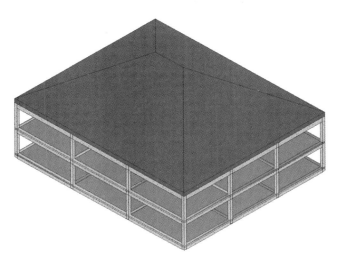

图 4.4.12　绘制屋顶（4）

4.5　绘制墙体和添加幕墙

4.5.1　绘制墙体

1）打开 F1 平面视图，单击"建筑"选项卡"构建"选项组中的"墙"下拉按钮，在弹出的下拉列表中选择"墙:建筑"选项，弹出"修改|放置 墙"选项卡，如图 4.5.1 所示。

图 4.5.1　"修改|放置 墙"选项卡

2）在"属性"窗格中替换墙体类型，单击"基本墙"下拉按钮，在弹出的下拉列表中选择"常规-200mm"选项，如图 4.5.2 所示。

3）选择完墙体后，在"修改|放置 墙"选项卡"绘制"选项组中单击"直线"按钮，然后将光标移到 F1 平面视图中绘制墙体，如图 4.5.3 和图 4.5.4 所示。

4）绘制完成后，使用在视图中选择全部实例的方法全选墙体，在"属性"窗格中修改其"底部标高"为 F1、"顶部标高"为 F2，然后单击"应用"按钮完成修改。完成后打开三维视图，观察所绘制的墙体是否有错误。若无错误，则使用"复制"按钮和"粘贴"按钮将 F1 楼层平面中的墙体复制到 F2 平面楼层。复制完成后打开三维视图观察是否有错。具体操作如图 4.5.5～图 4.5.7 所示。

图 4.5.2　选择墙体

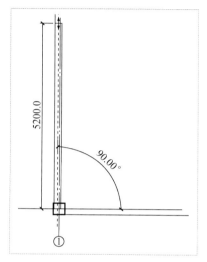

图 4.5.3　绘制墙体（1）

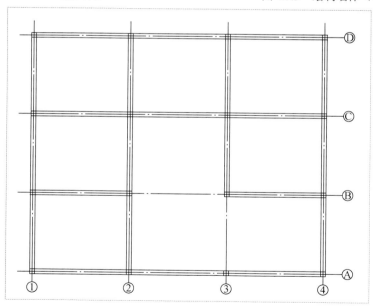

图 4.5.4　绘制墙体（2）

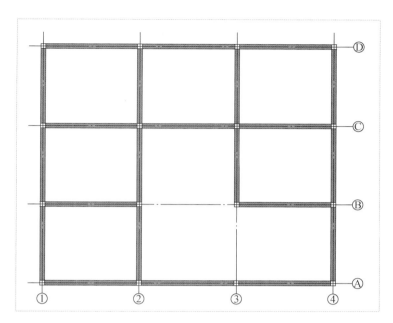

图 4.5.5 绘制墙体（3）

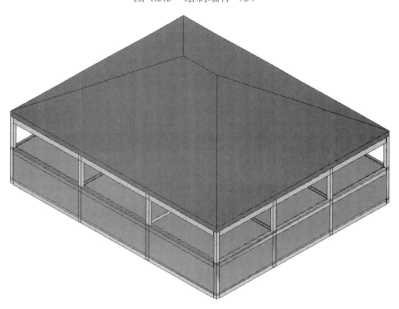

图 4.5.6 绘制墙体（4）

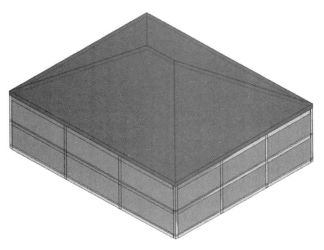

图 4.5.7　绘制墙体（5）

4.5.2　添加幕墙

1）根据建模需要，我们要在二层部分位置设置幕墙，打开 F2 楼层平面视图，单击选择需要绘制幕墙的墙体，弹出"属性"窗格，在"属性"窗格中替换该墙体的墙类型，替换为"幕墙"，如图 4.5.8 和图 4.5.9 所示。

图 4.5.8　替换为"幕墙"（1）

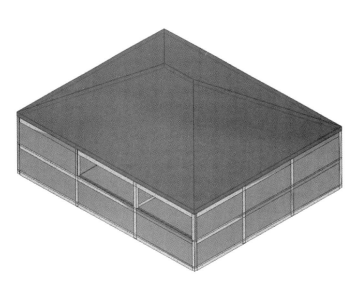

图 4.5.9　替换为"幕墙"（2）

2）幕墙替换完成后，需要对幕墙进行网格编辑和加装竖梃等。首先，转动平面视图右上角的立方体，打开它的前视图，然后单击"建筑"选项卡"构建"选项组中的"幕墙网格"按钮，对幕墙进行网格划分，划分完成后再单击"竖梃"按钮对网格加装竖梃。加装完成后旋转视角观察是否有错误。具体操作如图 4.5.10～图 4.5.13 所示。

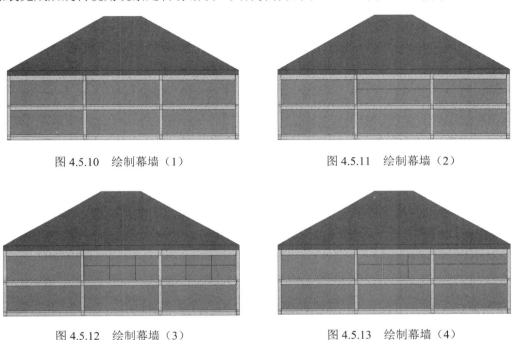

图 4.5.10 绘制幕墙（1）　　　　　　　图 4.5.11 绘制幕墙（2）

图 4.5.12 绘制幕墙（3）　　　　　　　图 4.5.13 绘制幕墙（4）

4.6 放置楼梯、竖井和台阶

4.6.1 放置楼梯

1）打开 F1 平面视图，单击"建筑"选项卡"楼梯坡道"中的"楼梯"按钮，弹出"修改|创建楼梯"选项卡，然后单击"构件"选项组中的"梯段"→"直梯"按钮，如图 4.6.1 所示。

图 4.6.1 "直梯"按钮

2）在绘制楼梯之前，需要使用参照平面来对楼梯进行位置确定，单击"创建"选项卡"基准"选项组中的"参照平面"按钮，弹出"放置 参照平面"选项卡，如图 4.6.2 所示。

图 4.6.2 "放置 参照平面"选项卡

3）在建模需要的地方开始绘制参照平面，先绘制需要的两条直线，如图 4.6.3 所示，然后对每条直线进行相应的数据设置。单击第一条直线，将其与墙体的距离数据修改为 900mm；单击第二条直线，将其与墙体的距离修改为 2900mm，如图 4.6.4 所示。

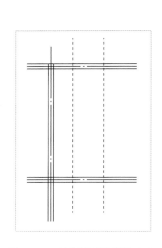

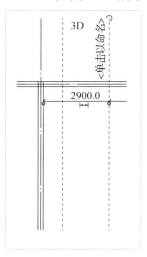

图 4.6.3 绘制参照平面（1）　　　　　图 4.6.4 绘制参照平面（2）

4）参照平面绘制完成后，即可开始绘制楼梯梯段。单击"修改|创建楼梯"选项卡"构件"选项组中的"梯段"→"直梯"按钮，然后在楼梯的"属性"窗格中修改其相关属性。修改"底部标高"为 F1、"顶部标高"为 F2。单击"编辑类型"按钮，在弹出的"类型属性"对话框的"计算规则"选项组中将"最小梯段宽度"修改为 1800mm，如图 4.6.5 所示，然后单击"应用"按钮和"确定"按钮。接下来，将光标移动到楼梯的第一根参照平面绘制起始点处，系统计算的楼梯踏步数为 16，因此我们需要在踏步数剩余为 8 的时候单击完成一个梯段绘制。之后，将光标移动到第二根参照平面线处开始第二梯段的绘制。绘制完草图后，休息平台与墙体相差甚远，此时单击休息平台的外部边界线向墙体方向拉动，与墙体重合后完成绘制修改，最后单击"修改|创建楼梯"选项

卡"模式"选项组中的"√"按钮完成楼梯的绘制，打开三维模式，使用剖面框来查看楼梯的绘制效果。具体操作如图 4.6.6～图 4.6.10 所示。

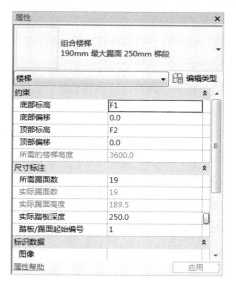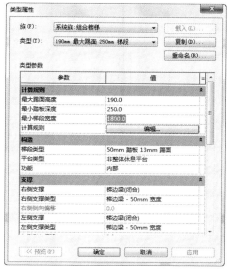

图 4.6.5　修改楼梯的属性

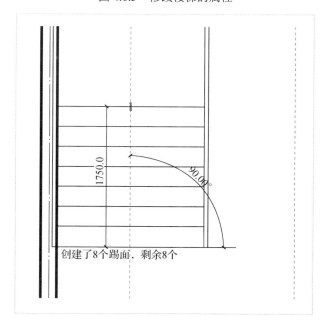

图 4.6.6　绘制楼梯（1）

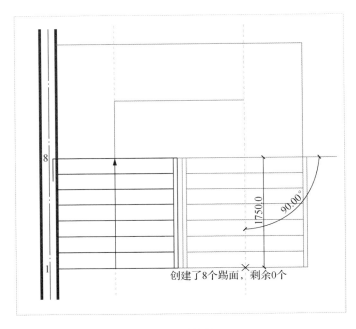

图 4.6.7　绘制楼梯（2）

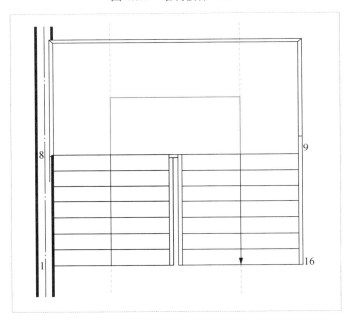

图 4.6.8　绘制楼梯（3）

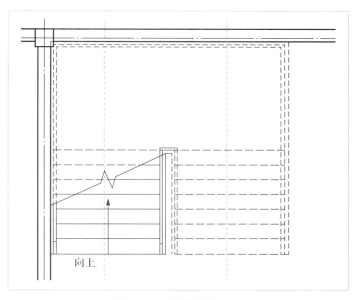

图 4.6.9　绘制楼梯（4）

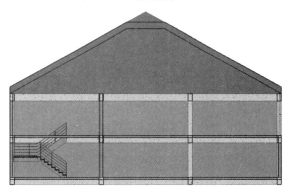

图 4.6.10　绘制楼梯（5）

4.6.2　放置竖井

1）因为竖井是为了楼梯的通行而开的，所以需要在 F2 平面的楼梯处开一个竖井供交通使用。打开 F2 平面视图，单击"建筑"选项卡"洞口"选项组中的"竖井"按钮，弹出"修改|创建竖井洞口草图"选项卡，如图 4.6.11 所示。

图 4.6.11　"修改|创建竖井洞口草图"选项卡

2）在"修改|创建竖井洞口草图"选项卡"绘制"选项组中单击"边界线"→"直线"按钮。然后开始绘制草图，绕着楼梯的边界线绘制一圈，草图绘制如图 4.6.12 所示。

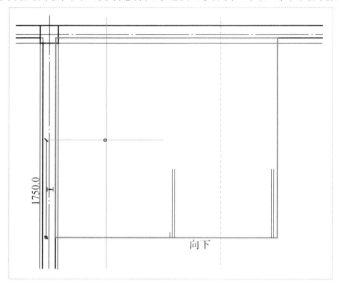

图 4.6.12　绘制竖井草图

3）绘制完草图后，对竖井的属性进行相应的修改，在其"属性"窗格中修改"底部约束"为 F1，"底部偏移"为 0.0，"顶部约束"为"直到标高:F3"，"顶部偏移"为 0.0，然后单击"应用"按钮完成绘制，如图 4.6.13 和图 4.6.14 所示。

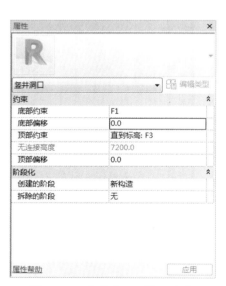

图 4.6.13　竖井的"属性"窗格

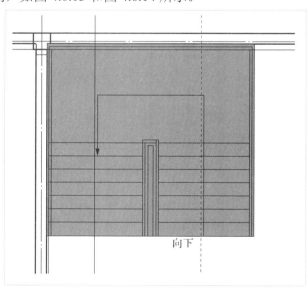

图 4.6.14　竖井绘制完成

　　4）因为竖井的创建使楼梯四周并无围栏，因此在楼梯的四周需要绘制扶手以起到保护作用。单击"建筑"选项卡"楼梯坡道"选项组中的"栏杆扶手"下拉按钮，在弹出的下拉列表中选择"绘制路径"方式，在需要扶手的地方绘制扶手即可，如图 4.6.15 和图 4.6.16 所示。

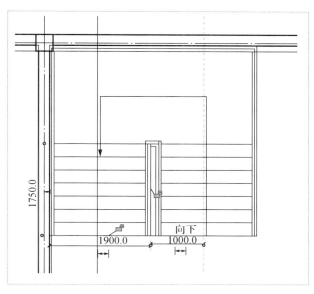

图 4.6.15　绘制扶手

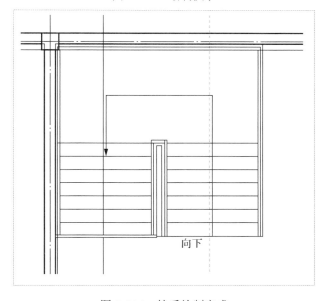

图 4.6.16　扶手绘制完成

5）打开三维视图，打开剖面框查看楼梯的绘制效果，如图 4.6.17 所示。

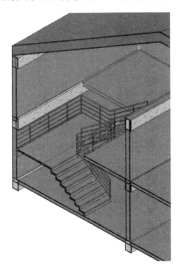

图 4.6.17　楼梯的绘制效果

4.6.3　放置台阶

台阶与楼梯一样，同样是使用"楼梯"工具绘制的，在需要台阶的地方放置一个底部限制条件为室外地坪、顶部限制条件为 F1、梯段宽为 1800mm、踏步数为 3 的楼梯段。台阶绘制完成后如图 4.6.18 所示。

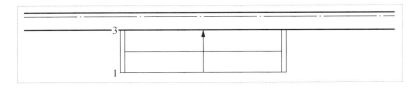

图 4.6.18　绘制台阶

4.7　插入门、窗和构件

4.7.1　插入门

1）打开 F1 楼层平面，单击"建筑"选项卡"构建"选项组中的"门"按钮，弹出"修改|放置 门"选项卡，然后单击"模式"选项组中的"载入族"按钮，在弹出的"载入族"对话框中，依次打开"建筑"→"门"→"普通门"→"平开门"→"双扇"文件夹，如图 4.7.1 所示。

图 4.7.1　选择门

2）在"双扇"文件夹中选择"双面嵌板连窗玻璃门 1"选项，单击"打开"按钮载入族。然后，将光标移动到入口处的墙上单击即可放置门，如图 4.7.2 所示。

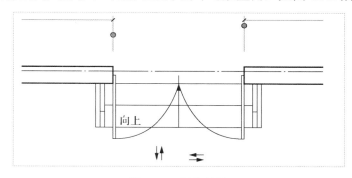

图 4.7.2　门的放置

3）双击门旁边的数据，在弹出的数据修改框中输入 2800.0，完成门的位置修改，如图 4.7.3 所示。

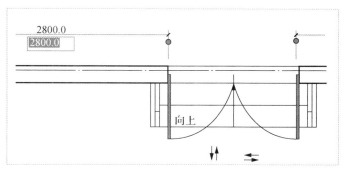

图 4.7.3　门的距离修改

4）依照此方法，完成平面图中其他门的放置，完成后的效果如图 4.7.4 所示。

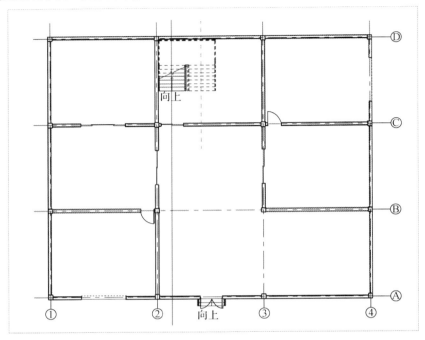

图 4.7.4　完成门的绘制

4.7.2　插入窗

1）打开楼层平面 F1，单击"建筑"选项卡"构建"选项组中的"窗"按钮，在弹出的"修改|放置 窗"选项卡"模式"选项组中单击"载入族"按钮，在弹出的"载入族"对话框中依次打开"建筑"→"窗"→"普通窗"→"组合窗"文件夹，如图 4.7.5 所示。

图 4.7.5　选择窗

2）选择"组合窗"文件夹中的"组合窗-双层四列（两侧平开）-下部固定"选项，单击"打开"按钮载入族。然后将光标移动到需要放置窗的墙体上单击放置窗。可通过修改窗的临时尺寸标注线来完成窗的定位，最终如图 4.7.6 所示。使用相同的方法，从"载入族"对话框中选取组类型，然后在平面视图中放置窗，最终完成整个窗的放置，如图 4.7.7 所示。打开三维视图观察放置效果，如图 4.7.8 所示。

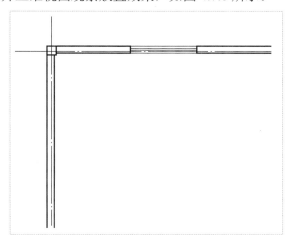

图 4.7.6 窗的放置

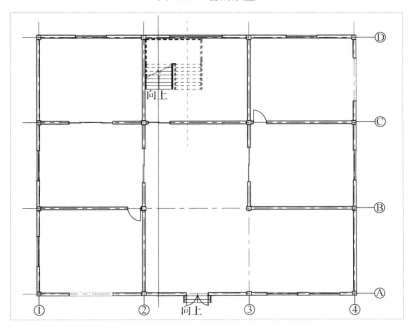

图 4.7.7 完成窗的放置

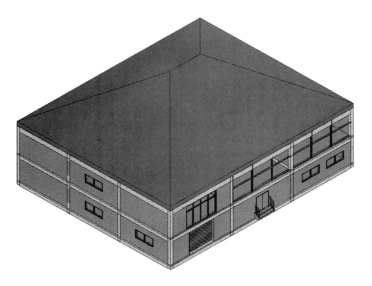

图 4.7.8　门窗效果

4.7.3　插入构件

1）打开 F1 楼层平面视图，单击"建筑"选项卡"构建"选项组中的"构件"下拉按钮，弹出的下拉列表如图 4.7.9 所示。

图 4.7.9　"构件"下拉列表

2）选择"放置构件"选项，在弹出的"修改|放置 构件"选项卡"模式"选项组中单击"载入族"按钮，在弹出的"载入族"对话框中依次打开"家具"→"3D"→"柜子"文件夹，如图 4.7.10 和图 4.7.11 所示。

3）选择"柜子"文件夹中的"边柜 1"选项后，单击"打开"按钮载入族。在放置界面中，将光标移动到需要放置的地方单击，按住鼠标左键拖动合适的距离后释放鼠标左键完成放置，如图 4.7.12 所示。

图 4.7.10 "家具"文件夹

图 4.7.11 "柜子"文件夹

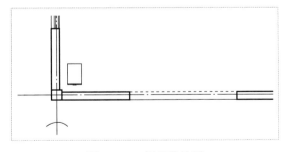

图 4.7.12 柜子的放置

4.8 场 地 设 置

1. 绘制地形表面

1）打开场地楼层平面图，单击"体量和场地"选项卡"场地建模"选项组中的"地形表面"按钮，弹出如图 4.8.1 所示的"修改|编辑表面"选项卡。

图 4.8.1 "修改|编辑表面"选项卡

2）单击放置点，然后在功能区下方的属性栏中修改"绝对高程"为-450mm，如图 4.8.2 所示。

图 4.8.2 修改绝对高程

3）修改完绝对高程后单击放置点，开始放置创建地形表面点。根据所需地形表面放置 4 个点，如图 4.8.3 所示。

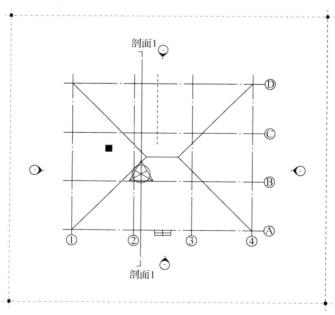

图 4.8.3 放置创建地形表面点

4）放置完 4 个点后单击"修改|编辑表面"选项卡"表面"选项组中的" √ "按钮完成地形表面的创建，打开三维模式观察地形表面，如图 4.8.4 所示。

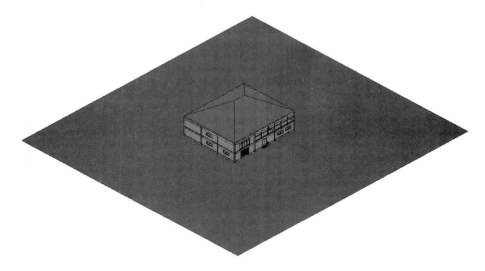

图 4.8.4　效果图

5）根据需要，将地形表面改为草地。单击地形表面，弹出"属性"窗格，在"属性"窗格中单击"材质"右侧的"按类别"按钮，弹出资源浏览器，如图 4.8.5 所示。在资源浏览器中搜索草地的材质，找到后双击草地材质赋予地形表面草地的材质。赋予完材质后打开三维模式，并将视图模式切换为真实视图，观察是否有错误，如图 4.8.6 所示。

2. 选择场地构件

1）打开室外地坪楼层平面，单击"体量和场地"选项卡"场地建模"选项组中的"场地构件"按钮。在弹出的"修改|场地构件"选项卡的"模式"选项组中，单击"载入族"按钮，在弹出的"载入族"对话框中依次打开"建筑"→"植物"文件夹，如图 4.8.7 所示。

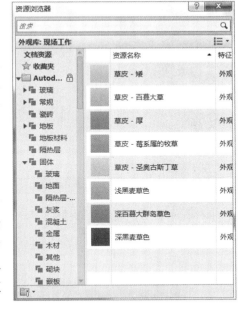

图 4.8.5　选择草地材质

155

图 4.8.6　草地材质效果预览图

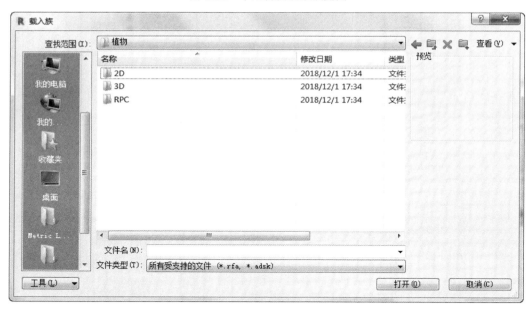

图 4.8.7　"植物"文件夹

　　2）在"植物"文件夹中，打开"3D"→"乔木"文件夹，然后选择"白杨"选项，如图 4.8.8 所示。

图 4.8.8　选择白杨

3）单击"打开"按钮载入族。然后将光标移动到需要放置的位置，单击放置白杨，如图 4.8.9 所示。放置完成后打开三维模式观察放置是否正确，如图 4.8.10 所示。

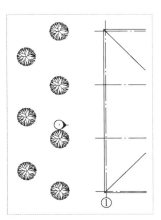

图 4.8.9　放置白杨

图 4.8.10　植物效果图

4.9　渲　　染

图 4.9.1　选择"相机"选项

1．调整相机视角

1）打开室外地坪楼层平面，单击"视图"选项卡"创建"选项组中的"三维视图"下拉按钮，在弹出的下拉列表中选择"相机"选项，如图 4.9.1 所示。

2）选择"相机"选项后，在面板下方的属性栏中进行相关的修改。将"偏移"修改为 1800mm，自"室外地坪"，如图 4.9.2 所示。

3）修改完属性后，将光标移动到视角起点位置，单击按住鼠标左键向视角框选区拖动，如图 4.9.3 所示。

图 4.9.2　修改属性

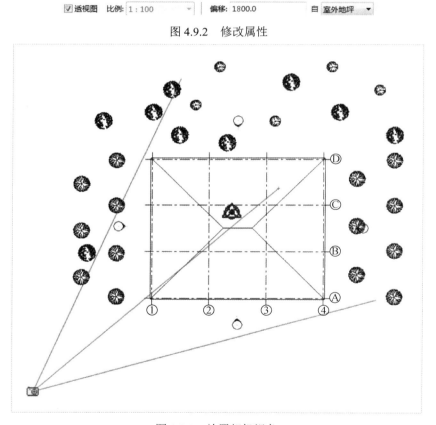

图 4.9.3　放置相机视角

4）拖动到合适位置后释放鼠标左键，弹出视角图，如图 4.9.4 所示。适当修改渲染视角使主要画面不被遮挡。

2．渲染示范

1）在相机视角图中，单击"视图"选项卡"演示视图"选项组中的"渲染"按钮，弹出"渲染"对话框。

2）在"渲染"对话框中修改相关设置。修改"质量"选项组中的"设置"为"最佳"，修改"输出设置"选项组中的"分辨率"为"打印机 300 DPI"，修改"照明"选项组中的"方案"为"室外：仅日光"，修改"背景"选项组中的"样式"为"天空：少云"，如图 4.9.5 所示。

图 4.9.4　相机视角图　　　　　　　　　　　　图 4.9.5　渲染设置

3）单击"渲染"按钮开始渲染，弹出"渲染进度"对话框，如图 4.9.6 所示。

图 4.9.6　"渲染进度"对话框

4）最终渲染效果如图 4.9.7 所示。

图 4.9.7　最终渲染效果

参 考 文 献

柏慕进业，2017. AUTODESK® REVIT® ARCHITECTURE 2017 官方标准教程[M]. 北京：电子工业出版社.

何凤，梁瑛，2017. Revit 2016 中文版建筑设计从入门到精通[M]. 北京：人民邮电出版社.

卫涛，李容，刘依莲，2017. 基于 BIM 的 Revit 建筑与结构设计案例实战[M]. 北京：清华大学出版社.

薛菁，2017. Revit 2016/2017 族的建立及应用[M]. 西安：西安交通大学出版社.

益埃毕教育，2017. Revit 2016/2017 参数化从入门到精通[M]. 北京：机械工业出版社.

PETER ROUTLEDGE，PAUL WODDY，2017. Autodesk Revit 2017 建筑设计基础应用教程[M]. 北京：机械工业出版社.